U0245376

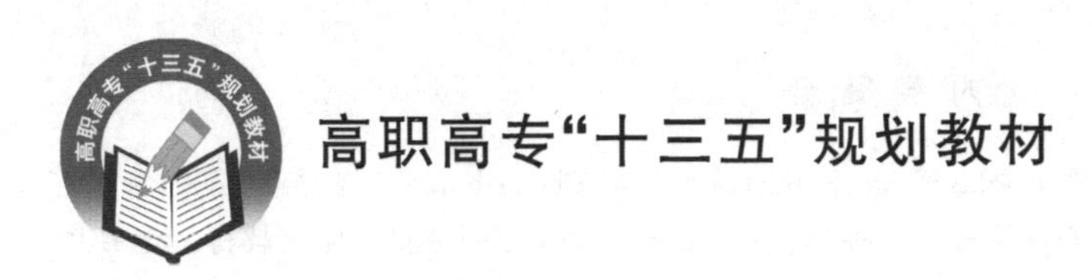

Photoshop CC
平面设计实例

刘晓芳　田晓明　李　燕　杨　劲　主　编
刘恬甜　黎　洋　王　磊　副主编
欧君才　主　审

北京航空航天大学出版社

内 容 简 介

本书以全球普及最广的图像处理软件 Adobe Photoshop 的最新版本 Photoshop CC 为对象，是一本由简入繁，从认知到实操，藉由真实设计案例，全面综合介绍如何使用 Photoshop CC 的理实一体化教材。全书共13章，包括 Photoshop CC 概述，图像概述，图像文件及视图操作，图像的裁剪、变换及移动，创建选区及编辑选区，填充图像，绘图及图像处理工具，路径，图层，图像色彩调整，通道，文字工具及滤镜。

本书既可作为中等、高等职业教育的计算机艺术设计方向平面设计、数字媒体、动漫设计等专业的教学用书，也可作为图形图像设计爱好者学习的参考用书。

图书在版编目(CIP)数据

Photoshop CC 平面设计实例 / 刘晓芳等主编. --
北京 ：北京航空航天大学出版社，2019.9

ISBN 978-7-5124-3105-8

Ⅰ. ①P… Ⅱ. ①刘… Ⅲ. ①平面设计—图象处理软件—高等学校—教材 Ⅳ. ①TP391.413

中国版本图书馆 CIP 数据核字(2019)第 188344 号

Photoshop CC 平面设计实例

刘晓芳　田晓明　李　燕　杨　劲　主　编

刘恬甜　黎　洋　王　磊　副主编

欧君才　主　审

责任编辑　冯　颖

*

北京航空航天大学出版社出版发行

北京市海淀区学院路 37 号(邮编 100191)　http://www.buaapress.com.cn

发行部电话：(010)82317024　传真：(010)82328026

读者信箱：goodtextbook@126.com　邮购电话：(010)82316936

北京富资园科技发展有限公司印装　各地书店经销

*

开本：787×1 092　1/16　印张：13　字数：333 千字

2019 年 9 月第 1 版　2023 年 8 月第 3 次印刷　印数：2 601－3 600 册

ISBN 978-7-5124-3105-8　定价：38.00 元

前　言

Photoshop CC 是一款功能强大的图像处理软件，被广泛应用于平面设计、广告摄影、影像创意、网页制作、视觉创意、游戏界面设计、建筑效果图后期处理等相关行业领域。

Photoshop CC 也是一款实践性和操作性很强的软件，用户必须在练中学、学中练，才能够掌握其操作技能。本书藉由真实设计案例，全面系统地讲解了 Photoshop CC 图像处理的相关功能与使用技巧。全书内容包括 Photoshop CC 图像处理的基础知识、Photoshop CC 图像处理入门操作、图像选区的创建与编辑、图像的绘制与修饰、图层的基本应用、蒙版和通道的技术运用、路径的绘制与编辑、文字的输入与编辑、图像的色彩调整、滤镜的应用方法、图像输出与处理自动化。通过本书的学习，读者可以提升 Photoshop CC 图像处理与设计的综合实战技能。

本书的讲解循序渐进，知识点逐渐展开，基础较薄弱的读者也可以轻松入门。

作者在本书的写作过程中付出了很多心血，并将多年从事 Photoshop 设计的经验毫无保留地奉献给了读者。由于作者水平有限，书中如有不当之处，敬请各位读者批评指正。

作　者

2019 年 8 月

目　　录

第1章 Photoshop CC 概述

1.1 Photoshop CC 软件介绍

Photoshop CC 全称为 Adobe Photoshop CC (Creative Cloud)，由 Adobe 公司于 2013 年 7 月正式发布，是一款跨平台的平面图像处理软件，其用户界面易于识别，功能强大，操作方便，性能稳定，与 Windows 7、Windows 10 或 mac OS 兼容。

Adobe Photoshop 系列是世界公认的优秀平面美术设计软件，是专业设计人员和图像处理爱好者常用的软件，主要应用于平面设计、网页设计、数码暗房、建筑效果图后期制作以及影像创意等。在现实应用中，几乎在所有的广告、出版、图片处理过程中，Photoshop 都是首选的平面设计软件。它有强大的图像编辑、制作、处理功能，且操作简便、实用，备受各行各业人士的青睐。本书所使用版本为 2018 年 10 月发布的 Adobe Photoshop CC 2019 版，开启界面如图 1-1 所示。

图 1-1

运行 Photoshop CC 的系统要求如下：

在 Windows 操作系统下：

INTEL 或 AMD 处理器(2 GHz 及以上)；支持 Windows 7、Windows 8.1、Windows 10；2.5 GB 以上硬盘空间进行安装；1 024×768 及以上显示器；512 MB 及以上显存。

在 mac OS 操作系统下：

支持 64 位多核 INTEL 处理器；mac OS 10.10 及以上、1 GB 内存、2 GB 可用硬盘空间以上进行安装；1 024×768 及以上显示器；512 MB 及以上显存。

1.2 Photoshop CC 软件界面介绍

Photoshop CC 软件界面（见图 1-2）主要由标题栏、菜单栏、工具属性栏、工具箱、工作区域控制面板、状态栏等组成。

图 1-2

（1）标题栏

标题栏位于窗口最顶端，显示的是文档的名称、当前图像的缩放大小、文档的颜色模式信息，如图 1-3 所示。

图 1-3

（2）菜单栏

Photoshop CC 中包含 11 个菜单，位于标题栏下方。Photoshop 对菜单命令进行分类，当需要执行命令时，可到不同的菜单下选择所需的命令。菜单栏如图 1-4 所示。

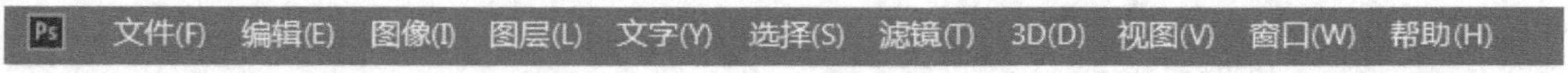

Ps 文件(F) 编辑(E) 图像(I) 图层(L) 文字(Y) 选择(S) 滤镜(T) 3D(D) 视图(V) 窗口(W) 帮助(H)

图 1-4

(3) 工具属性栏

工具属性栏位于菜单栏下方。不同的工具有不同的属性及可供调整参数的项目。当选择不同的工具时，即相应地出现该工具的可调整项目，如图 1－5 所示。

图 1－5

(4) 工具箱

Photoshop CC 的工具箱位于界面的左侧。工具箱中的工具众多，功能丰富，功能类似的进行了一定的分类。用户可以选择不同的工具，来实现对图像的处理（见图 1－6）。根据不同显示尺寸等因素限制，用户可单击工具栏左上方的箭头，将工具栏收缩为两列，如图 1－7 所示。

(5) 状态栏

状态栏位于窗口底部，可提供一些当前操作的帮助信息。

(6) 工作区域

工作区域是显示图像和编辑图像的位置。刚打开软件时，工作区域是不会出现的，只有当打开一个文件或新建文件时才会出现。

(7) 控制面板

控制面板可以完成各种图像处理操作和工具参数的设置，Photoshop CC 提供了多个控制面板。其中包括导航器控制面板、信息控制面板、颜色控制面板、色板控制面板、图层控制面板、通道控制面板、路径控制面板、历史记录控制面板、动作控制面板、工具预设控制面板、样式控制面板、字符控制面板和段落控制面板等，如图 1－8 所示。

控制面板的工具种类很多，但是在实际使用时不可能把每个工具面板都打开，可根据实际操作情况，通过图 1－9 所示的“窗口”菜单命令关闭或打开需要的面板。

导航器面板　用来显示图像上的略缩图，可以通过移动下方的缩放滑块迅速地对图像进行放大或缩小，并迅速移动图像显示的内容。需要注意的是，这种方式的放大和缩小只是改变图片的浏览模式，并不改变图像本身的尺寸大小，如图 1－10 所示。

信息面板　用于显示鼠标当前位置的数值和文档信息等。在选择图像或者移动图像时，会显示出所选范围的数据参数。如图 1－11 所示，可以看出目前光标所在图像位置的 RGB、CMYK 数值和 X、Y 轴的坐标，还有文件的大小。

直方图面板　可用来查看有关图像的色调和颜色信息。默认情况下，直方图将显示整个图像的色彩范围，如图 1－12 所示。

颜色面板　主要功能是选取颜色。可以通过调整面板中 R、G、B 的数值来选取需要的颜色，也可以直接在 R、G、B 三个选择框中直接输入色彩的数值来选择颜色，还可以在颜色选择条上单击，选取颜色，如图 1－13 所示。

色板面板　功能类似于颜色面板，可存储经常使用的颜色。可以在面板中添加或删除颜色，或者为不同的项目显示不同的颜色库，如图 1－14 所示。

使用方法：选择需要的颜色，用光标单击该颜色即可。若想添加颜色到色板中，则首先选择合适的颜色，然后单击拾色器中的“添加到色板”即可（见图 1－15）。还可以通过单击其右上角的按钮，对色板的其他功能进行设置。

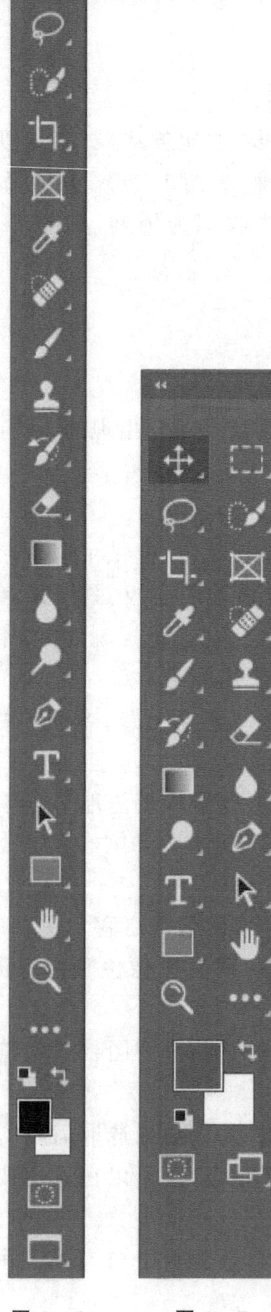

图 1-6　　图 1-7

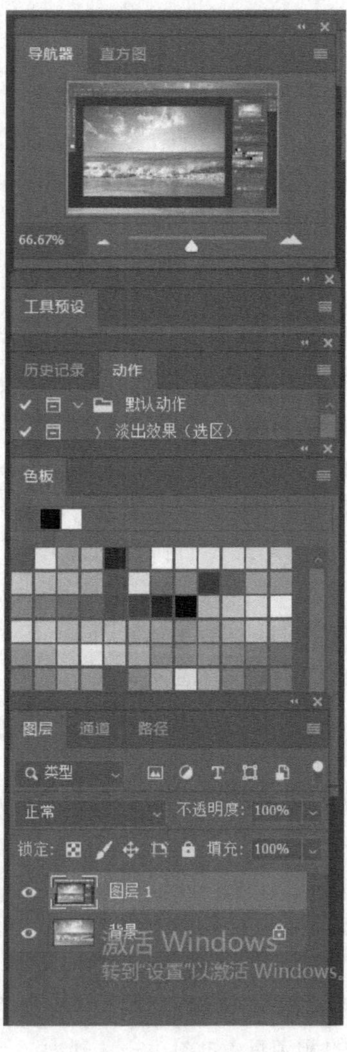

图 1-8

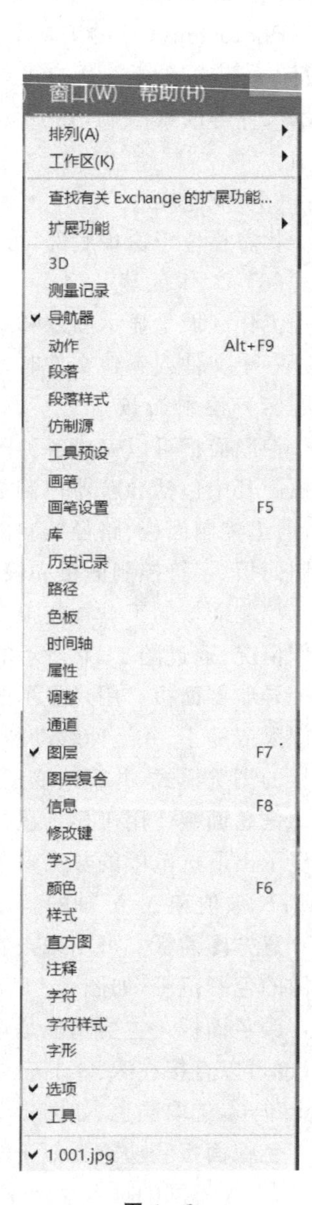

图 1-9

图 1 - 10

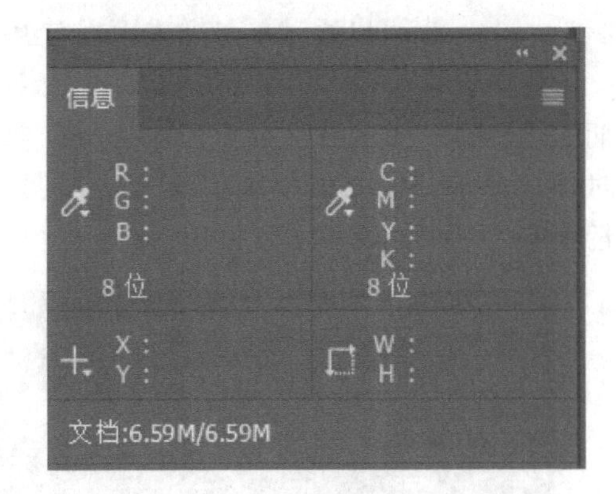

图 1 - 11

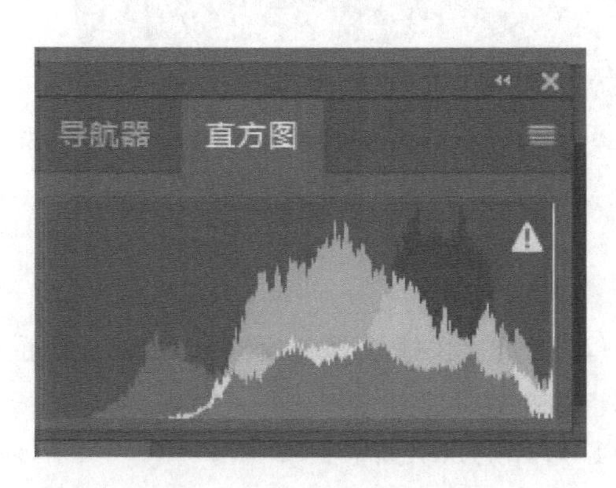

图 1 - 12

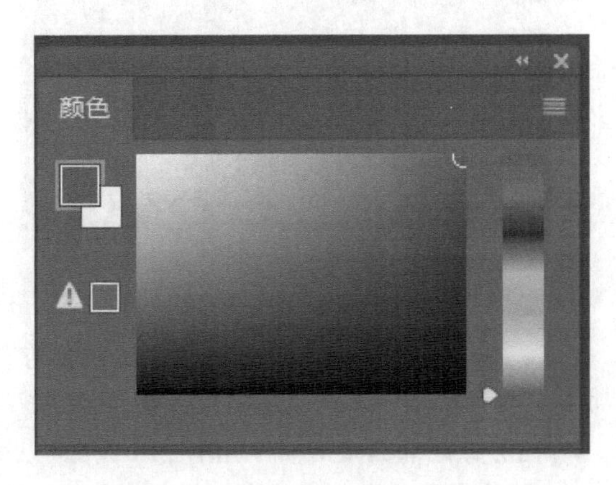

图 1 - 13

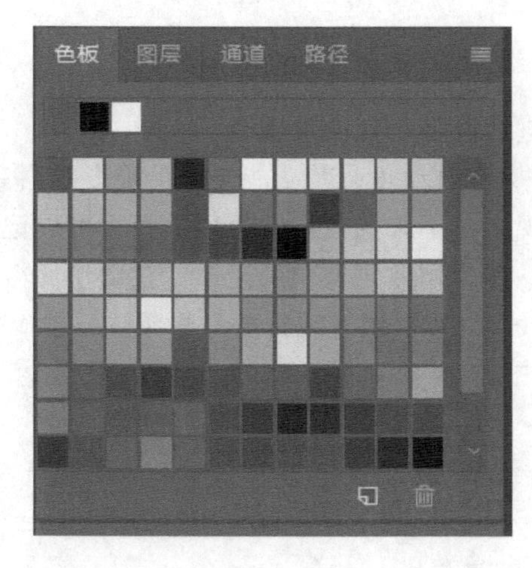

图 1 - 14

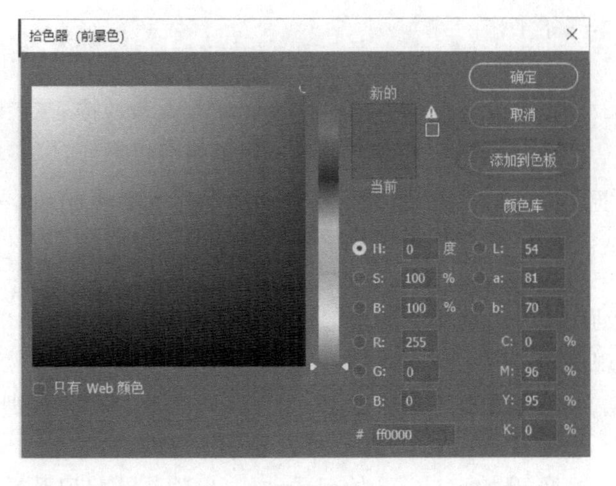

图 1 - 15

样式面板　用来给图形添加一个样式。可以创建自定义样式将其存储为预设，然后通过"样式"面板使用此项预设。可以在库中存储预设样式，并在需要这些样式时通过"样式"面板载入或移去。可以单击右下角的"取消样式""新建样式"或"删除样式"按钮实现操作需求（见

图 1－16)。也可以通过单击样式面板右上角的按钮对其进行其他功能的设置。

历史记录面板 用来恢复图像或指定恢复上一步操作。可以使用该面板在当前工作会话期间跳转到所创建图像的任一最近状态(默认情况下,只能返回 20 步)。每次对图像应用更改时,图像的新状态都会添加到该面板中(见图 1－17)。单击某一项,就可以返回到其相应的最近状态。

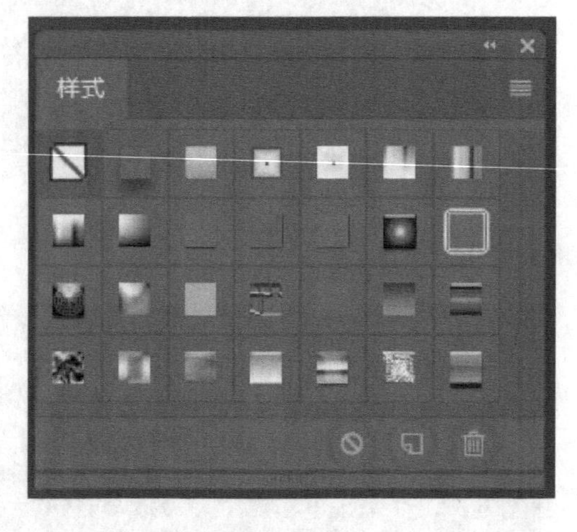

图 1－16

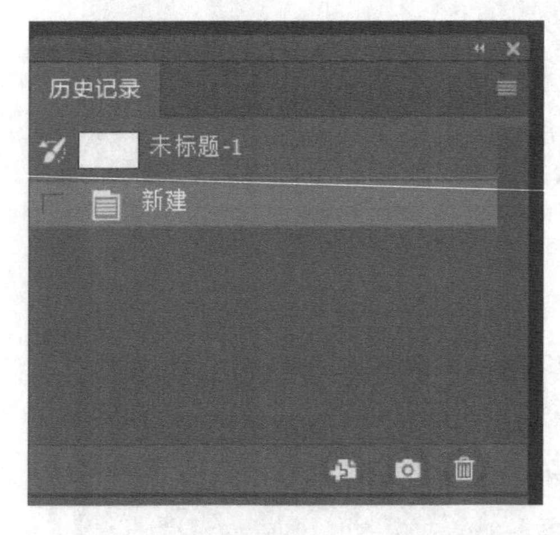

图 1－17

注意:文件关闭后,历史记录将不再保存。用户可以通过快捷键操作返回到图像的最近状态:按下 Ctrl＋Z 表示返回上一步,再次按下 Ctrl＋Z 表示再往上返回一步。

在历史记录面板的右下角有三个按钮(见图 1－17),分别介绍如下:

① 从当前状态创建新文档:在当前的状态下自动新建一个文件副本。

② 建立快照:在当前的状态下创建一个文件临时副本,选择一个快照并从图像的那个版本开始工作。

③ 删除当前状态:删除当前文件的状态记录。

也可以通过单击历史记录面板右上角的按钮对其进行其他功能的设置。

动作面板 可用来录制一连串的编辑操作,以实现操作自动化。其功能类似于摄影机,将操作过程记录下来,并可以在以后使用时播放,从而实现记录下来的效果。使用该面板可以记录、播放、编辑和删除某些操作的过程。一般应用于对一些常用效果操作的记录。在动作面板中可以单击组、动作或者左侧的展开按钮。单击该三角形,可以展开或折叠一个组中的全部动作或一个动作中的全部命令。选择需要的动作并单击,就会自动播放动画。文件也可以实现该动作所记录的效果。

动作面板下方从左到右的按钮(见图 1－18)分别介绍如下:

① 停止播放/记录:可以停止播放动作。

② 开始记录:开始记录动作,也就是开始记录操作的过程。

③ 播放选定:播放选择的动作过程。

④ 创建新组:创建一个新的动作组别。

⑤ 创建新动作:创建一个新的动作,记录操作过程。

⑥ 删除:删除选择的动作。

也可以通过单击动作面板右上角的按钮▤对其进行其他功能的设置。

图层面板　列出了图像中的所有图层、图层组和图层效果。可以使用图层面板来显示或隐藏图层、创建新图层以及创建图层组。可以在面板菜单中访问其他命令和选项。

图层面板(见图 1－19)的其他功能如下：

图层的混合模式：可以选择图层与图层之间的相互混合方式。

图层的不透明度：可以调整选定图层的不透明度。100％表示不透明，0％表示全透明。

技能点拨：调整图层的不透明度。除了通过输入数字值可以调整外，也可以有更加便捷的方式，其方法是按下键盘中的数字"1"为 10％透明，按下键盘中的数字"2"为 20％透明，以此类推。

锁定：可以对图层进行锁定或解除锁定等操作。

填充的不透明度：可以设置图层内部的填充不透明度。

眼睛按钮：单击可以实现该图层的显示或不显示。

当选定一个图层时，该图层显示为深色。

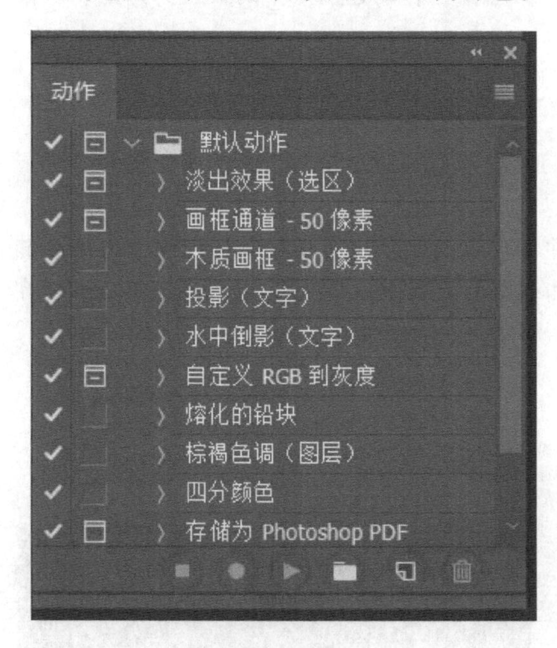

图 1－18

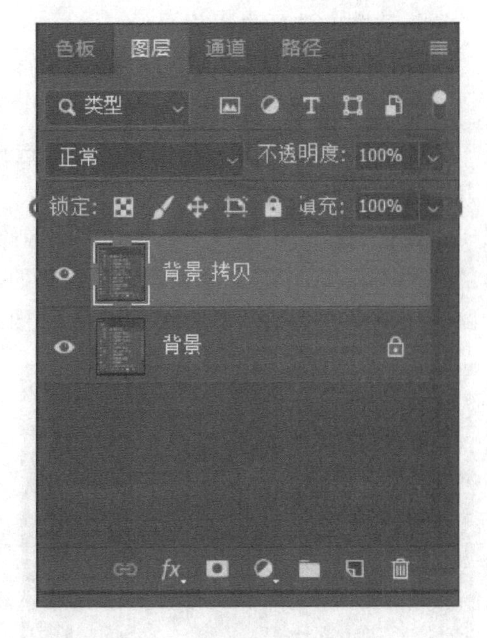

图 1－19

图层面板下方的按钮(见图 1－19)从左到右分别介绍如下：

链接图层按钮：可以将 2 个以上的图层链接在一起。操作方法是：按 Shift 键选择需要链接的图层，再单击该按钮即可。解开链接的操作与建立链接的操作相反。

添加图层样式按钮：单击此按钮可以为该图层添加多个图层处理的效果。清除图层样式可以用鼠标右键单击该图层，选择"清除图层样式"。

添加蒙版按钮：单击此按钮可以给图层添加图层蒙版。用鼠标右键单击蒙版区域，可以对蒙版进行其他方面的操作。

创建新的填充或调整图层：单击此按钮可以为图层创建新的填充方式或调整图层的色彩模式。

创建新组按钮：可以创建新的按钮组。创建按钮组的目的是为了更好地管理图层。当文件的图层较多时，可以将同一类的图层放在同一个组别中。

创建新图层按钮：可以创建新的图层，也可通过单击右上角的按钮对其进行其他功能的设置。

删除图层按钮：可以创建新的图层，也可以通过单击右上角的按钮对其进行其他功能的设置。

通道面板　用来记录图像的颜色数据和保存蒙版内容。对于 RGB、CMYK 和 Lab 图像，将先列出复合通道。通道内容的缩览图显示在通道名称的左侧，在通道编辑的同时会自动更新缩览图，如图 1-20 所示。

当单击 RGB 通道时，图像显示没有变化。当单击红、绿、蓝中的任一通道时，图像显示的是该通道的效果；也可以通过单击左侧的按钮来查看不同通道。

通道面板下方从左到右的按钮分别是：

① 通道作为选区载入：单击此按钮，可以看到图像会自动建立一个蚂蚁线的选区。不同的通道建立的选区也不相同。

② 选区存储为通道：可以将建立的选区存储在通道中，方便后期使用。

③ 创建新通道：可以建立新通道。

④ 删除当前通道：可以删除当前选择的通道，也可以通过单击右上角的按钮对其进行其他功能的设置。

路径面板　用来建立矢量式的图像路径，并将现有的路径进行保存。它列出了每条存储的路径、当前工作路径和当前矢量蒙版的名称和缩览图。当使用路径工具（如钢笔工具）时，在路径面板中就会记录下绘制的路径，如图 1-21 所示。

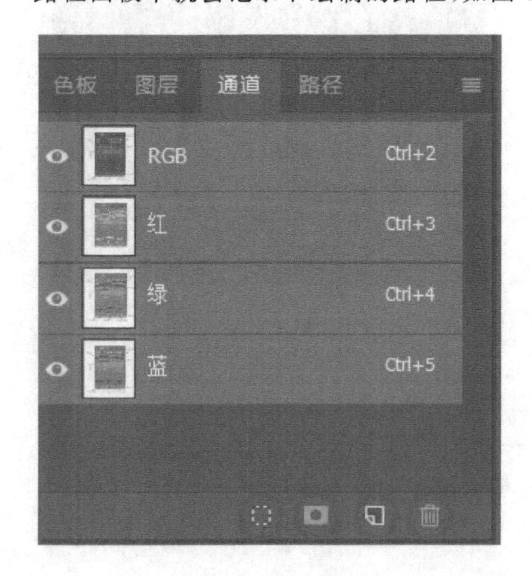

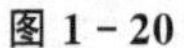
图 1-20

图 1-21

路径面板下方从左到右的按钮分别是：

① 用前景色填充路径：用目前选用的前景色来填充当前选择的路径。

② 用画笔对路径描边：使用当前选择的画笔笔刷沿着当前路径进行描边。

③ 将路径作为选区载入：可以将当前选择的路径转化为选区。

④ 从选区生成路径：可以将选区转化为路径。

⑤ 蒙版工具：对路径进行蒙版选区。

⑥ 创建新路径：可以创建新的路径层。

⑦ 删除当前路径：可以删除当前选择的路径，也可以通过单击右上角的按钮▤对其进行其他功能的设置。

工具预设面板是 Photoshop 为了方便用户保护和调用特定设置的工具箱工具而设计的一项功能，如图 1－22 所示。在使用画笔时，需要对其进行颜色、硬度、直径等的设定，因在以后的图形中还要用到这一相同设置的画笔。这时可以把这个设置的画笔保存为“工具预设”，下次需要时调出就可以使用，不必重新设置，方便快捷。还可以通过面板右下角的 2 个按钮创建和删除工具预设。

画笔预设面板中的预设画笔是一种存储的画笔笔尖，带有诸如大小、形状和硬度等定义的特征。可以使用常用的特性来存储预设画笔，也可以为画笔工具存储工具预设。可以从选项栏中的“工具预设”菜单中选择这些工具预设。此面板还可以对画笔的笔尖、形态、纹理等进行设置。当更改预设画笔的大小、形状或硬度时，其更改只是临时性的。下一次选取该预设时，画笔将使用其原始设置。要想使所做的更改成为永久性的更改，就需要创建一个新的预设，如图 1－23 所示。

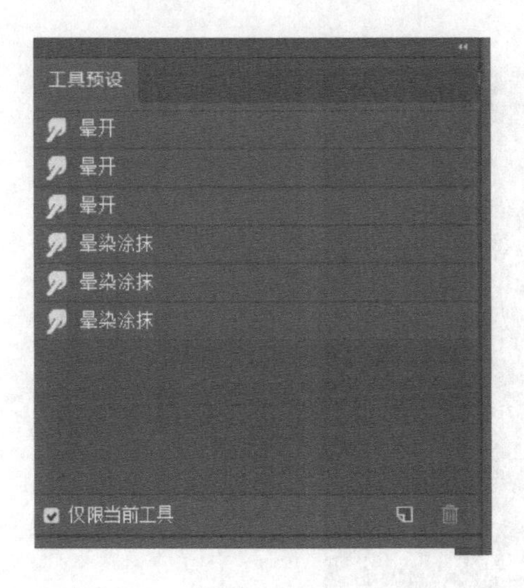

图 1－22

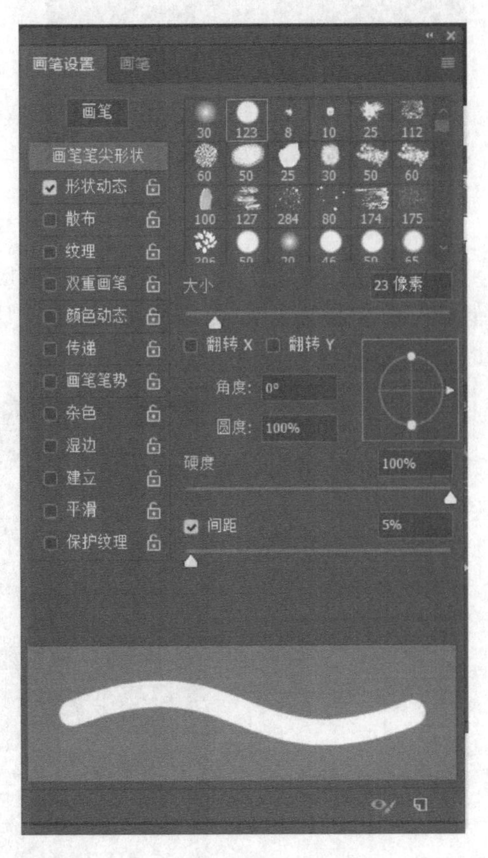

图 1－23

仿制源面板：使用该面板，最多可以为仿制图章工具或修复画笔工具设置 5 个不同的样本源。可以显示样本源的叠加，以帮助在特定位置仿制源，也可以缩放或旋转样本源以按照特定大小和方向仿制源，如图 1-24 所示。

字符面板：用来控制文字的字符格式(见图 1-25)是用于设置字符格式的选项。在文字工具处于选定状态的情况下，要在字符面板中设置某个选项，就从该选项的下拉菜单中选取一个值。对于具有数字值的选项，也可以使用向上或向下的箭头来设置，或者直接在文本框中输入编辑值。当直接编辑时，按 Enter 键即可完成设置。

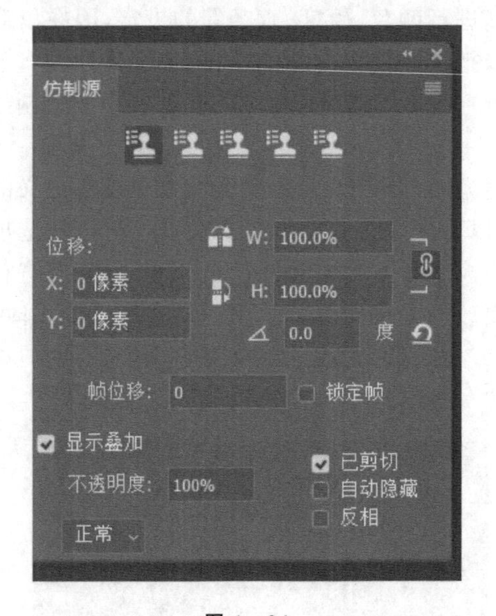

图 1-24

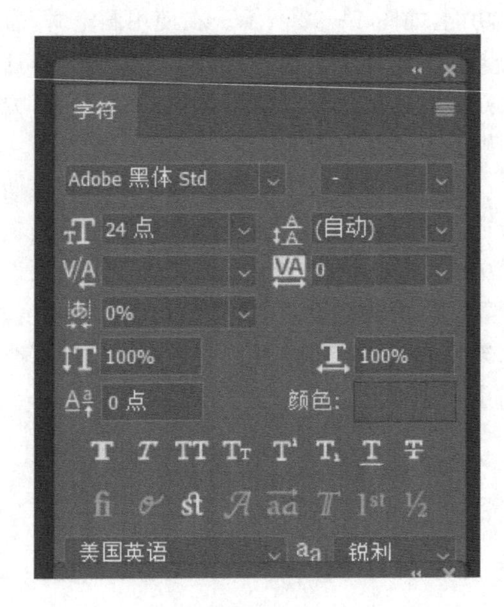

图 1-25

段落面板：使用“段落”面板可更改列和段落的格式设置(见图 1-26)。要在段落面板中设置带有数字值的选项，可以使用向上或向下的箭头，或者直接在文本框中编辑值。当直接编辑时，按 Enter 键即可完成设置。

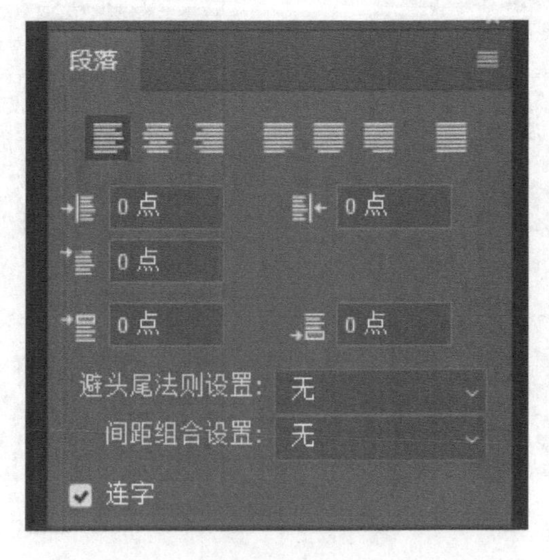

图 1-26

1.3 Photoshop CC 新增功能

1. 智能参考线

按住 Alt 键(Windows)或 Option 键(mac OS)键并拖动图层,Photoshop 会显示测量参考线,它表示原始图层和复制图层之间的距离。此功能可以与“移动”或“路径选择”工具结合使用。

2. 路径测量

在处理路径时,Photoshop 会显示测量参考线。当使用“路径选择”工具在同一图层内拖动路径时,将显示测量参考线。

3. 间距匹配

当复制或移动对象时,Photoshop 会显示测量参考线,从而直观地表示其他对象之间的间距,这些对象与选定对象或与其紧密相连对象之间的间距相匹配。

4. 路径模糊

使用路径模糊工具,可以沿路径创建运动模糊。还可以控制形状和模糊量。Photoshop 可自动合成应用于图像的多路径模糊效果。

5. 旋转模糊

使用旋转模糊效果(命令:菜单→滤镜→模糊画廊→旋转模糊)可以在一个或多个点旋转和模糊图像。旋转模糊是等级测量的径向模糊,可以在设置中心点、模糊大小和形状以及其他设置时,查看修改的实时预览。

6. 3D 打印

从 Photoshop CC 2014 版本开始,就添加了 3D 打印功能。“打印预览”对话框会指出哪些表面已修复,在“打印预览”对话框中选择“显示修复”即可。Photoshop 会使用适当的颜色编码显示“原始网格”“壁厚”和“闭合的空心”修复。用于“打印预览”对话框的新渲染引擎,可提供更精确的具有真实光照的预览。在打印到 Mcor 和 Zcorp 打印机时,可以更好地支持高分辨率纹理。

第2章　图像概述

2.1　位图图像和矢量图像

计算机数字化图像分为位图图像和矢量图像两大类，认识其特色和差异，有助于创建、输入、输出、编辑和应用数字图像。位图图像和矢量图像没有好坏之分，只是用途不同而已。因此，整合位图图像和矢量图像的优缺点，才是处理数字图像的最佳方式。

2.1.1　位图图像

位图图像也称像素图，它由像素或点的网格组成，Photoshop 以及其他的绘图软件一般都使用位图图像。与矢量图像相比，位图图像更容易模拟照片的真实效果，其工作方式就像是用画笔在画布上作画一样。如果将这类图形放大到一定程度，就会发现它是由一个个小方格组成的，这些小方格被称为像素点。一个像素点是图像中最小的图像元素，每个像素点都被分配一个特定的位置和颜色值。在处理位图图像时，用户编辑的是像素而不是对象或形状，即编辑的是每一个点。

位图图像与分辨率有关，即在一定面积的图像上包含有固定数量的像素。因此，如果在屏幕上以较大的倍数放大现实图像，或以过低的分辨率打印，那么位图图像就会出现锯齿边缘。

位图图像具有以下特点：

- 文件所占的存储空间大，尤其是高分辨率的彩色图像，由于像素之间独立，故占用的硬盘空间、内存和显示尺寸比矢量图大。
- 位图放大到一定倍数后会产生锯齿。由于位图是由最小的色彩单位“像素点”组成的，因此位图的清晰度与像素点的多少有关。不同放大级别的位图图像示例如图 2－1 所示。

图 2－1

➢ 位图图像在表现色彩、色调方面的效果比矢量图更好，尤其是在表现图像的阴影和色彩的细微变化方面。

2.1.2　矢量图像

矢量图像也称为面向对象的图像或绘图图像，在数学上定义为一系列由线连接的点。

AutoCAD、CorelDraw、Adobe Illustrator、Freehand 等软件都是以矢量图像为基础进行创作的。

矢量文件中的图形元素称为对象。每个对象都是一个自成一体的实体，它具有颜色、形状、轮廓、大小和屏幕位置等属性。

既然每个对象都是一个自成一体的实体，就可以在维持它原有的清晰度和弯曲度的同时，多次移动和改变它的属性，而不会影响图形中的其他对象。

这些特征使基于矢量的程序特别适用于标志设计、图案设计、文字设计、版式设计和三维建模等，所生成的文件也比位图文件要小。

由于这种保存图形信息的办法与分辨率无关，因此无论放大或缩小多少，都有一样平滑的边缘，一样的视觉细节和清晰度。

矢量图具有以下特点：

➢ 一般的线条图形是个卡通图形，存成矢量文件比存成位图文件要小很多。矢量图形是文字（尤其是小字）和线条图形（比如徽标）的最佳选择。

➢ 移动、缩放或更改颜色不用担心会造成失真和形成色块而降低图形的品质。不同放大级别的矢量图像示例如图 2-2 所示。

➢ 存盘文件的大小与图形中元素的个数和每个元素的复杂程度成正比，而与图形面积和颜色的丰富程度无关。

➢ 通过软件，矢量图可以转化为位图，而位图转化为矢量图就需要经过复杂而庞大的数据处理，而且生成的矢量图的质量绝对不能和图形比拟。

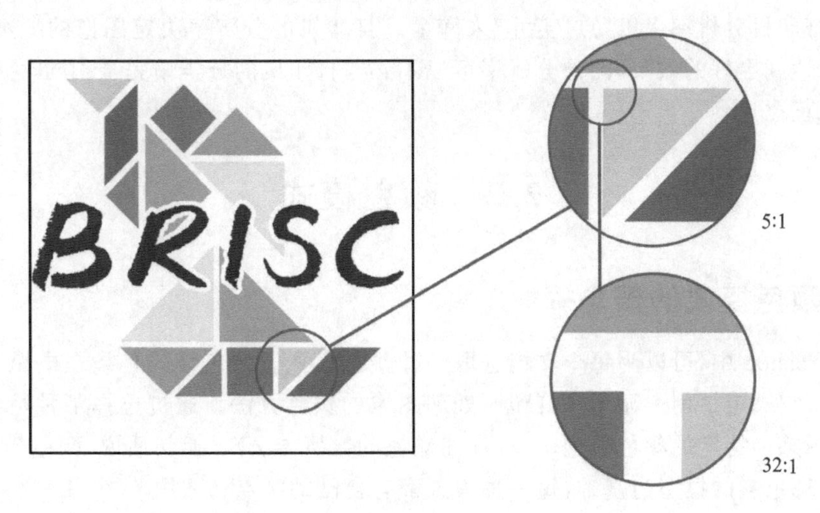

图 2-2

2.2 分辨率

2.2.1 分辨率的概念

分辨率是指单位长度上的点(即像素)的多少。以一张 3 in×5 in 大小的图像为例,当以 300 dpi 的分辨率进行输出时,该图像的像素值为(3×300)×(5×500)像素=1 350 000 像素。分辨率越高,单位长度中所包含的像素也就越多,输出的图像品质也越精细。

2.2.2 分辨率的类型

分辨率通常可以分为以下几种类型。

1. 图像分辨率

一幅图像中,每单位长度能显示的像素数目称为该图像的分辨率。图像分辨率是以每英寸含有多少像素来计算的,单位为“像素\英寸”(pixel per inch,ppi)。

一幅高分辨率的图像必定比尺寸相同但分辨率较低的图像包含更多且更小的像素。图像应采用多少分辨率,最终要以发行媒介来决定。在计算机或者网络上使用 72 像素即可;将设计的图片用于印刷的话,图像应达到 300~350 像素的分辨率,否则会导致像素化。使用过高的分辨率,不但不会增加品质,反而会增加文件的大小,降低输出的速度。

2. 显示器分辨率

显示器上每单位长度所能显示的像素或点的数目,称为该显示器的分辨率。它是以每英寸含有多少点来计算的,通常以“点/英寸”(drop per inch,dpi)为单位。显示器分辨率是由显示器的大小、显示器的像素设定以及显卡的性能来决定的,一般为 72 像素。

3. 打印机分辨率

打印机在每英寸所产生的墨点数目,称为打印机的分辨率,也称输出分辨率。与显示器分辨率类似,打印机分辨率也以“点/英寸”来衡量。打印机的分辨率决定图像的层/输出质量的比值。为了达到更好的效果,图像分辨率可以不必与打印机的分辨率完全相同,但要和打印机的分辨率成正比。

2.3 颜色模式

2.3.1 颜色模式的概念

在 Photoshop 中,可以为每个文档选取一种颜色模式。颜色模式是指在电脑中颜色的不同组合方式,它决定了用来显示和打印所处理图像的颜色方法。通过选择某种特定的颜色模式,就可选用某种特定的颜色模型(一种描述颜色的数值方法)。换句话说,颜色模式以建立好的描述和重现色彩的模型为基础,每一种模式都有自己的特点和适用范围,用户可以按照制作来确定颜色模式,并且可以根据需要在不同的颜色模式之间转换。

颜色模式是图形设计最基本的知识。Photoshop 中包含的颜色模式包括 RGB 模式、CMYK 模式、HSB 模式、Lab 模式、Indexed 模式、Bitmap 模式、GrayScale 模式等,它们决定了图像中的颜色数量、通道数和文件大小。

以下介绍一些常用的颜色模式。

1. RGB颜色模式

RGB色彩模式是工业界的一种颜色标准，是通过对红(R)、绿(G)、蓝(B)三种颜色的变化以及它们相互之间的叠加得到的各种各样的颜色。RGB及代表红、绿、蓝三种颜色，它包括了人类视力所能感知的所有颜色，是目前运用最为广泛的颜色系统之一。在8位/通道的图像中，RGB颜色模式使用RGB模型为图像中每一个像素的RGB分量分配一个0～255范围内的强度值。例如：纯红色R值为255，G值为0，B值为0；灰色的R、G、B三个值相等(除了0和255)；白色的R、G、B值都为255；黑色的R、G、B值都为0。

RGB图像使用三种颜色或通道在屏幕上重现颜色。在8位/通道的图像中，这三个通道将每个像素转换为24(8位×3通道)位颜色信息。对于24位图像，可重现多达1 670万种颜色；而对于48位(16位/通道)图像和96位(32位/通道)图像，可重现更多的颜色。新建的Adobe Photoshop图像的默认模式为RGB，计算机显示器使用RGB模型显示颜色。

2. CMYK颜色模式

CMYK颜色模式是一种专门针对印刷业设定的颜色标准，是通过对青(C)、洋红(M)、黄(Y)、黑(K)四种颜色变化以及它们相互之间的叠加得到的各种颜色。CMYK既代表青、洋红、黄、黑四种印刷专用的油墨颜色，也代表了Photoshop软件中四个通道的颜色。CMYK模式中的每一个像素的每种印刷油墨都会分配一个百分比值，最亮(高光)的颜色分配较低的印刷油墨颜色百分比值，较暗(暗调)的颜色都会分配较高的印刷油墨颜色百分比值。例如，明亮的红色包含2%青色、93%洋红、90%黄色和0%黑色。在CMYK图像中当四种颜色分量的值都是0%时，就会产生纯白色。

在使用印刷色打印图像时，应使用CMYK模式。CMYK色彩不如RGB色彩丰富饱满，将RGB图像转换为CMYK即产生分色。如果从RGB图像开始，则最好先在RGB模式下编辑，然后在处理结束时转换为CMYK。

3. HSB颜色模式

HSB颜色模式是根据日常生活中人眼的视觉特征而制定的一套颜色模式，最接近于人类对色彩辨认的思考方式。HSB颜色模式以色相(H)、饱和度(S)和亮度(B)描述颜色的基本特征。

色相指从物体反射或透过物体传播的颜色。在0°～360°的标准色轮上，色相是按位置计量的。在使用时，色相由颜色名称标识，比如红、橙或绿色。饱和度是指颜色的强度或纯度，用色相中灰色成分所占的比例来表示，0%为纯灰色，100%为完全饱和。在标准色轮上，从中心位置到边缘位置的饱和度是递增的。亮度是指颜色的相对明亮程度，通常将0%定义为黑色，100%定义为白色。

4. Lab颜色模式

Lab颜色模式包括亮度分量(L)和两个色度分量，即a分量(从绿到红)和b分量(从蓝到黄)。其中L分量的范围是0～100，而a分量和b分量的范围是－128～＋127。Lab颜色模式与设备无关，不管使用什么设备(显示器、打印机或扫描仪)创建或输出图像，这种颜色模式产生的颜色都保持一致。Lab颜色模式通常用于处理Photo CD(照片光盘)图像，比如单独编辑图像中的亮度和颜色值，在不同系统间转移图像或输出到PostScript(R) Level2和Level3

打印机中打印。要将 Lab 图像打印到其他彩色 PostScript 设备上，应首先将其转换为 CMYK 颜色模式。

5. 索引颜色模式

索引颜色模式(Indexed Color)最多用 256 种颜色生成 8 位图像文件。将图像转换为索引颜色模式时，通常会构建一个调色板存放并索引图像中的颜色。如果原图像中的某种颜色没有出现在调色板中，那么程序会选取已有颜色中最相近的颜色或使用已有颜色模拟该颜色。

在索引颜色模式下，通过限制调色板中颜色的数目可以减小文件大小，同时保持视觉上的品质不变。在网页中常需要使用索引模式的图像。

6. 位图颜色模式

位图(Bit Map)模式的图像由黑色与白色两种像素组成，每一个像素用“位”来表示。“位”只有两种状态：0 表示有点，1 表示无点。位图模式主要用于早期不能识别颜色灰度的设备。如果需要表示灰度，则需要通过点的抖动来模拟。位图模式通常用于文字的识别，如果扫描需要使用 OCR(光学文字识别)技术识别的图像文件，则须将图像转化为位图模式。

7. 灰度颜色模式

灰度(Gray Scale)模式在图像中使用不同的灰度级。在 8 位图像中，最多有 256 级灰度。灰度图像中的每一个像素有一个 0(黑色)～255(白色)范围内的亮度值。在 16 位和 32 位图像中，图像中的级数比 8 位图像要大得多。使用黑白或灰度扫描仪生成的图像通常以灰度模式显示。在将彩色图像转换为灰度模式的图像时，会扔掉原图像中所有的色彩信息。与位图模式相比，灰度模式能更好地呈现出高品质的图像效果。

2.3.2 颜色模式的转换

为了在不同的场合都能正确输出图像，需要把图像从一种模式转换为另一种模式。Photoshop 通过执行“图像/模式(IMAGE/MODE)”子菜单中的命令，来转换需要的颜色模式。这种颜色模式的转换会永久性地改变图像中的颜色值。例如，将 RGB 模式图像转换为 CMYK 时，CMYK 色域之外的 RGB 颜色被调整到 CMYK 色域之内，从而缩小了颜色范围。由于这些颜色在转换后会损失部分颜色信息，因此在转换之前最好保存一个备份文件，以便在必要时恢复图像。

1. 将其他模式的图像转换为位图模式

将图像转换为位图模式会使图像减少到两种颜色，从而大大简化图像中的颜色信息并减小文件大小。在将彩色图像转换为位图模式时，可先将其转换为灰度模式。这将删除像素中的色相和饱和度信息，只保留亮度值。但是，由于只有很少的编辑选项可用于位图模式图像，所以最好是在灰度模式中编辑图像，然后再将它转换为位图模式。

2. 将彩色模式的图像转换为灰度模式

如果将彩色模式的图像转换成灰度模式，那么图像中的颜色就会产生分色，颜色的色域就会受到限制。因此，如果图像是彩色模式的，则最好选择在彩色模式下编辑，然后再转换成灰度图像。

3. 将位图模式图像转换为灰度模式

可以将位图模式图像转换为灰度模式，以便对其进行编辑。在灰度模式下编辑过的位图模式图像在转换回位图模式后，看起来可能与原来不一样。例如，在位图模式下为黑色的像素，在灰度模式下经过编辑后可能转换为灰度级。在将图像转回到位图模式时，如果该像素的灰度值高于中间灰度值128，则将其渲染为白色。

注意：灰度模式可作为位图模式和彩色模式间相互转换的中介模式。

4．将其他模式转换为索引模式

在将彩色图像转换为索引颜色时，会删除图像中的很多颜色，而仅保留其中的256种颜色，即许多多媒体动画应用程序和网页所支持的标准颜色数。只有灰度模式和RGB模式的图像可以转换为索引颜色模式。该转换通过删除图像中的颜色信息来减小文件大小。

注意：图像在转换为位图或索引颜色模式时应进行拼合，因为这些模式不支持图层。

5．利用Lab模式进行模式转换

在Adobe Photoshop所能使用的颜色模式中，Lab模式的色域最宽，它包括RGB和CMYK色域中的所有颜色，因此使用Lab模式进行转换时不会造成任何色彩上的损失。Adobe Photoshop便是以Lab模式作为内部转换模式来完成不同颜色模式之间的转换的。例如，在将RGB模式的图像转换为CMYK模式时，计算机内部首先会把RGB模式转换为Lab模式，然后再将Lab模式的图像转换为CMYK模式的图像。

2.4　图像格式

图像格式是指计算机中存储图像文件的方法，代表不同的图像信息——是矢量图形还是位图图像以及色彩数和压缩程度。图形图像处理软件通常会提供多种图像文件格式，每一种格式都有它的特点和用途。了解图像文件的特征，能够帮助用户在处理时做出最佳的选择。下面介绍几种常见的图像文件格式及其特点。

1．PSD格式

PSD格式是Photoshop特有的图像文件格式，支持Photoshop中所有的图像类型。PSD格式能很好地保存层、通道、路径、蒙版以及压缩方案不会导致数据丢失等。但是，很少有应用程序能够支持这种格式。因此，在图像制作完成后，通常需要转换一些比较通用的图像格式，以便输出到其他软件中继续编辑。另外，当用PSD格式保存图像时，图像没有经过压缩，因此当图层较多时，会占用很大的硬盘空间，这比其他格式图像文件要大得多。

2．BMP格式

BMP格式是Windows操作系统中的标准图像文件格式，即位图图像格式，能够被多种Windows应用程序所支持。BMP格式支持RGB、索引色、灰度和位图颜色模式，但不支持Alpha通道。用BMP格式存储彩色图像时，每一个像素所占的位数可以是1位、4位、8位或32位，相对应的颜色数值也从黑白一直到真色彩。BMP格式包含的图像信息比较丰富，几乎不进行压缩，因此BMP文件占用的空间较大。

3．GIF格式

GIF格式可以极大地节省存储空间，是网络上使用极为广泛的一种压缩文件格式，常见于简易的小动画制作。该格式不支持Alpha通道，最大的缺点是最多只能处理256种色彩，不能用于存储真色彩的图像文件。但GIF格式支持透明背景，可以较好地与网页背景融合在一起。

4. JPEG 格式

JPEG(JPG)是一种有损压缩格式,文件所占空间可以被有效压缩。在色彩要求度不高,允许图像失真的前提下,与 GIF 格式一样,是网页上经常采用的一种文件格式。由于 JPEG 格式会损失数据信息,因此,在图像编辑过程中需要以其他格式(PSD 格式)保存图像,将图像保存为 JPEG 格式只能作为制作完成后的最后一步操作。

5. PNG 格式

与 JPEG 格式的有损压缩相比,PNG 图像格式使用无损压缩方式压缩文件的大小;与 GIF 格式相比,PNG 图像格式不支持多图像文件或动画文件。综合了 JPEG 和 GIF 的优点,PNG 格式具有图形透明自然、文件大小适中的特点。

6. TIFF 格式

TIFF(TIF)是印刷业中使用最广的图形文件格式,几乎被所有绘画、图像编辑和页面排版应用程序所支持,但不适用于在 Web 浏览器中查看。在将图像保存为 TIFF 格式时,通常可以选择保存为 IBM PC 兼容计算机可读的格式或者苹果(Macintosh)计算机可读的格式,是跨平台操作时的标准文件格式。

7. ESP 格式

ESP 格式是最常见的线条共享文件格式,是目前桌面印前系统普遍使用的通用交换格式中的一种综合格式,可以用于存储矢量图形。就目前的印刷情况来说,使用这种格式生成的文件,几乎所用的矢量绘制和网页排版软件都支持该格式。在 Photoshop 中打开其他应用程序的包含矢量图形的 ESP 文件时,Photoshop 会对此文件进行栅格化,将矢量图形转换为位图图像。

第3章　图像文件及视图操作

3.1　图像文件的打开、新建及保存

3.1.1　图像文件的打开

Photoshop一方面可调整、修改、完善已有的图像，另一方面也可创造、设计、制作图像。对已有的图像进行调整修改完善。首先就要在Photoshop中打开图像，打开图像有两种方法：一种是通过菜单命令“文件”→“打开”(快捷键Ctrl+O)进行，在弹出的“打开”对话框中按图像所在的目录地址选择单击打开即可(见图3-1)；另一种就相对简单，直接在电脑中找到图像所在的文件地址，单击图像拖拽至Photoshop工作区即可。

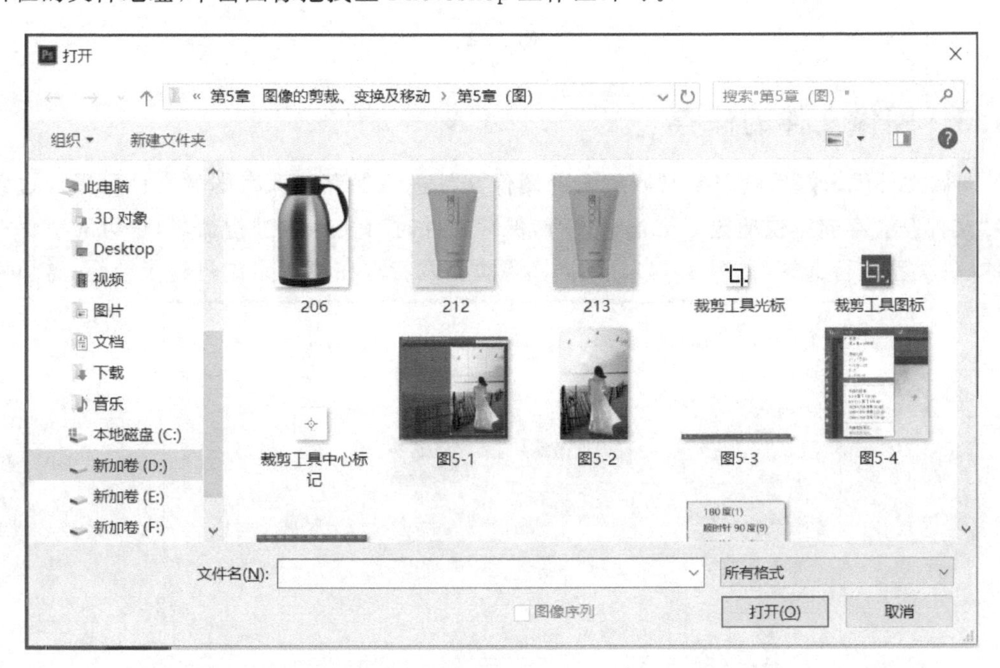

图3-1

如果需要打开的图像是PSD格式，除了以上两种方法外，也可以直接双击打开该文件。PSD文件图标如图3-2所示。

图3-2

3.1.2　图像文件的新建

创建图像文件的方法是通过菜单命令“文件”→“新建”(快捷键Ctrl+N)进行，在弹出的“新建”对话框中首先需要对图像文件的参数进行设置，这些参数包括文件名(文件可以先命名，也可在图像保存时再命名，未命名的文件会自动以“未标题X”表示)、宽度、高度、单位(常用单位包括像素/毫米/厘米)、分辨率(常用分辨率72/300)、颜

色模式(常用 RGB/CMYK)、背景色设置(常用背景色为白色或黑色),如图 3－3 所示。

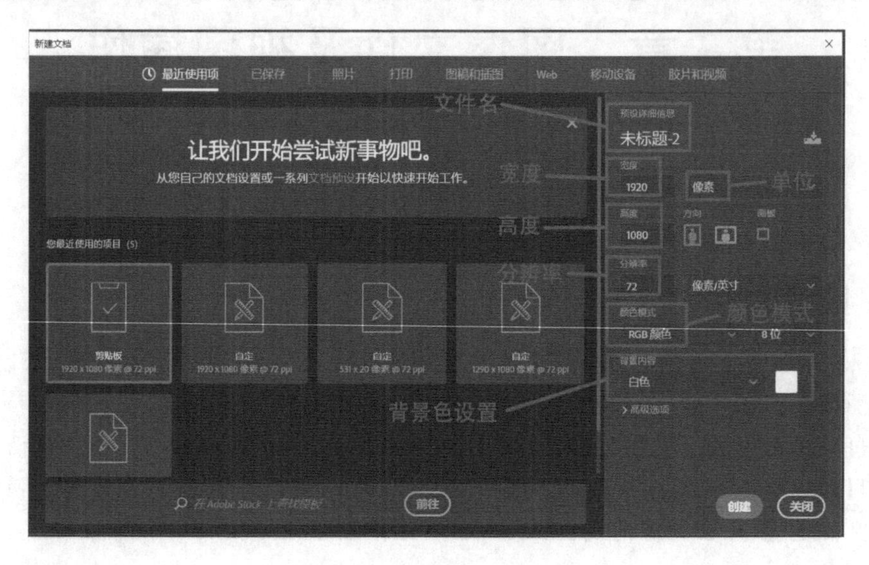

图 3－3

3.1.3 图像文件的保存

图像文件编辑好后就需要对所编辑的图像文件进行保存。保存图像文件可以通过菜单命令“文件”→“存储”(快捷键 Ctrl＋S)进行,保存文件时对文件名进行命名,也可对所保存的图像文件类型进行选择(见图 3－4)。不同图像类型及特点在第 2 章中进行了介绍,这里不再

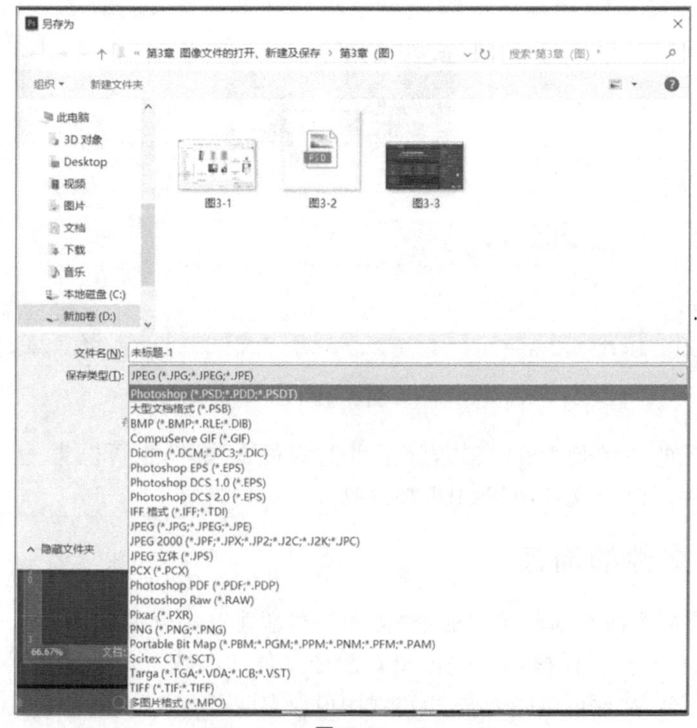

图 3－4

赘述。首次保存图像文件时默认为 PSD 格式类型。

如果需要保存的图像文件类型不同于上次，就需要选择“另存为”命令进行保存，方法是通过菜单命令“文件”→“存储为”(快捷键 Ctrl＋Alt＋S)进行。

3.2　视图的调整、缩放及辅助线的使用

视图操作是 Photoshop CC 作图时非常实用的辅助工具，可以大大提高作图的效率，方便对图像的观察和修改。

3.2.1　视图的模式

在对 Photoshop CC 中的图像进行编辑时，视图视窗的大小和显示模式对编辑的操作状态有很大的影响。这就好比选择什么样的距离来观察物体，选择多大的纸张来进行创作是一样的，对工具而言没有最好的只有更合适自己的。

使用 Photoshop CC 打开一张图片后，视图的显示模式是默认的，这称为不可拖动模式(见图 3－5)。这种模式可以居中显示所操作的图像文件，也可随意放大/缩小视图(放大视图快捷键 Ctrl＋“＋”，缩小视图快捷键 Ctrl＋“－”)，但不能拖动视图移动。

图 3－5

第二种模式可拖动视窗(见图 3－6)，这种显示模式除了可以随意放大/缩小视图以外，还可以使用抓手工具拖动视图在作业区随意移动(按空格键同时拖动鼠标即可拖动视图移动)。当需要查看和编辑图像边缘及局部区域时，多使用此模式。

第三种模式黑背景可移动(见图 3－7)，这种模式可以随意放大/缩小视图，还可以使用抓手工具拖动视图在作业区随意移动，但是这种模式只显示图像视图、工具栏、菜单栏、图层面板等，所有编辑区域显示都会隐藏。

图 3-6

图 3-7

以上三种显示模式可以通过快捷键 F 来操作，重复按 F 键就可以在几种模式间来回切换。

值得注意的是，当打开多个图像文件时，Photoshop CC 的工作区并不是以多窗口的模式显示，而是以菜单罗列形式显示，单击工作区左上角各图像文件的名称，即可显示所选择的图像文件(见图 3-8)。

图 3 - 8

若需要移动视图到另一个图像文件，就需要多窗口显示模式，便于图像的移动和制作。单击工作区左上角图像文件的名称并拖动，即可缩小图像视图窗口，形成多窗口显示模式(见图 3 - 9)。

图 3 - 9

3.2.2 视图的缩放

1. 视图的放大、缩小

除了视图的显示模式外，视图的缩放也是对图像进行观察和操作必不可少的工具。虽然在 Photoshop CC 的工具栏中用放大镜工具可以对视图进行缩放操作（用鼠标左键单击即放大，用鼠标右键单击即缩小），但是极不便捷。对于任何图像显示模式都可以通过快捷键（Ctrl+“+”）和（Ctrl+“−”）来对选择的图像进行缩放操作。

2. 抓手工具

除了视图的显示和视图的缩放模式外，对视图的移动也是对图像进行观察和操作的重要工具，即在 Photoshop CC 中可以通过工具栏中抓手工具或快捷键（H）来对图像进行拖动。但在实际操作中可以使用临时抓手工具（空格键）来移动视图，好处就在于与上次使用的工具不冲突，需要使用抓手工具时单击空格键不松，移动到合适位置松开空格键即恢复上次使用的工具。如图 3-10 和图 3-11 所示，正在使用画笔工具时，按空格键变为临时抓手工具，松开空格键即返回画笔工具，非常便于对图像编辑、观察的操作。

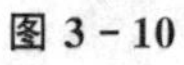

图 3-10

图 3-11

3.2.3 辅助线的作用

辅助线的作用就相当于在绘图时使用的尺子，便于对所编辑图像进行对齐操作。在所编辑图像的 Photoshop CC 界面中找到“视图”菜单打开标尺，如图 3-12 所示。

通过快捷键（Ctrl+R）可以对辅助线进行操作，而通过鼠标单击纵向或横向标尺空白处并拖动可以生成所需要的辅助线，如图 3-13 所示。

另外，还可以通过移动工具快捷键（V）来对辅助线进行移动，当把辅助线移动到横向或纵向标尺空白处时，辅助线就会消失。

通过辅助线可以极大方便对各种对齐任务的操作。在 Photoshop CC 中辅助线还具有自动吸附功能（见图 3-14）。所有编辑的图像在移动靠近辅助线时会自动吸附在辅助线上。这个功能在平面设计特别是书籍排版编辑中是非常实用的，只有多进行操作和练习才能体会到这个工具的便捷。

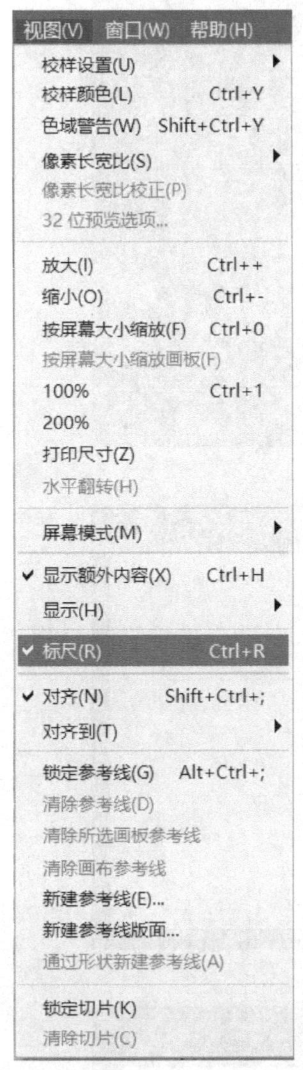

图 3－12

图 3－13

图 3－14

3.2.4　设计实例：产品展示页面制作

新建一个网页页面大小图像文件，将参数设置为宽度 1 920 像素、高度 1 080 像素、72 dpi 分辨率、RGB 色彩、背景色为白色，如图 3－15 所示。

在“视图”菜单中单击打开标尺（可使用快捷键 Ctrl＋R），使用移动工具在左端标尺和上端标尺处拖拽数条辅助线，使其交错形成 8 个矩形框，如图 3－16 所示。

新建透明图层（可使用快捷键 Ctrl＋Shift＋N），使用矩形选框工具在新建图层上按照辅助线交错形成的矩形框进行选区操作，对矩形选区进行描边（可使用菜单命令“编辑”→“描边”），如图 3－17 所示。

图 3－15

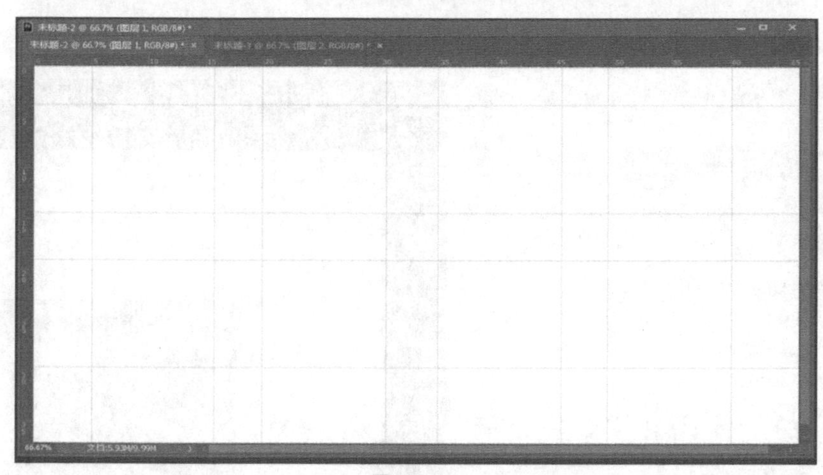

图 3－16

图 3－17

将所需展示的产品图像依次拖拽至矩形框中，并调整大小，如图 3 - 18 所示。

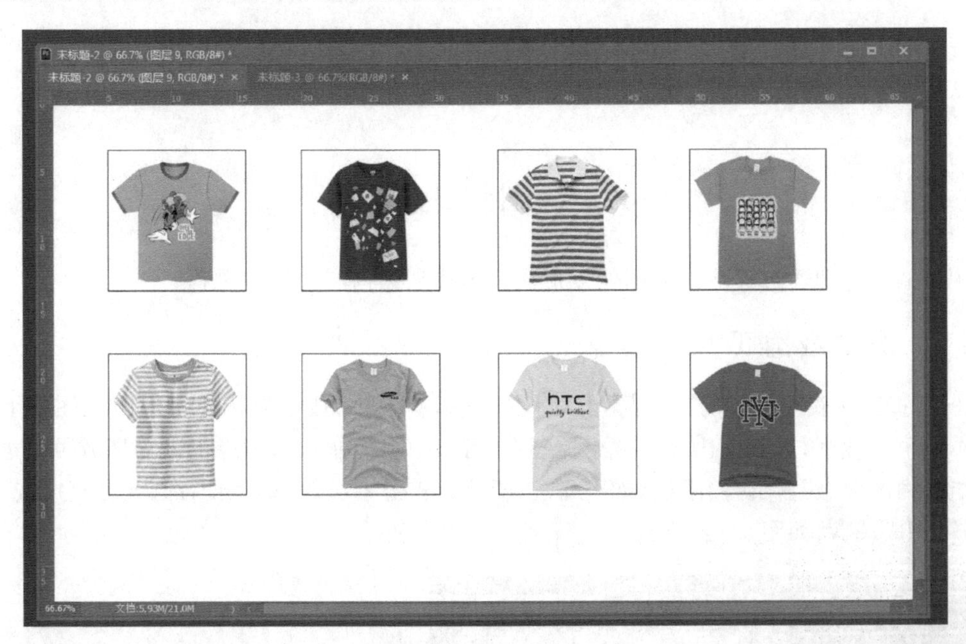

图 3 - 18

在展示产品图像的矩形框下面，添加产品的文字名称或说明，完成展示页面制作，如图 3 - 19 所示。

图 3 - 19

第 4 章　图像的裁剪、变换及移动

4.1　图像的裁剪

图像的裁剪即通过移除部分图像以形成突出或加强构图效果的过程。

4.1.1　使用裁剪工具的步骤

① 选择工具箱中的裁剪工具，此时鼠标光标变为，按下鼠标左键即可在图像上拖拽出一个矩形剪裁框，剪裁框边缘有 8 个控制点，可以单击控制点对图像的裁剪区域再次进行调节。矩形内的区域是保留的图像，如图 4-1 所示。双击矩形裁剪区域内部，或者直接按 Enter 键，即可完成裁剪，如图 4-2 所示。

图 4-1

图 4-2

② 使用裁剪工具用鼠标在图像上拖拽出一个矩形区域后，还可以对该矩形区域进行调整。

- 将鼠标光标放在内部，按下鼠标左键进行拖拽，可保持矩形区域大小不变移动区域。
- 将鼠标光标放在矩形剪裁框的任意一个控制点上，鼠标光标变为直线的双向箭头，按下鼠标左键进行拖拽，即可对裁剪框进行大小调整。
- 将鼠标光标移动到矩形裁剪框周围任意位置处，鼠标光标变成弧线的双向箭头，按下鼠标左键进行拖拽，即可对裁剪框进行旋转调整。

调整好裁剪框后，按下 Enter 键即可完成图像的剪裁。

4.1.2　裁剪工具的选项栏

单击“裁剪工具”按钮后，其选项栏如图 4－3 所示。

图 4－3

选项栏中有一个“比例”选项，单击打开下拉菜单可以看到按预设比例进行设置(见图 4－4)，也可按预设宽、高、分辨率进行设置(见图 4－5)；图 4－6 就是按 16:9 比例裁剪的预览效果；单击“清除”按钮即可清除上次所设置的裁剪参数。

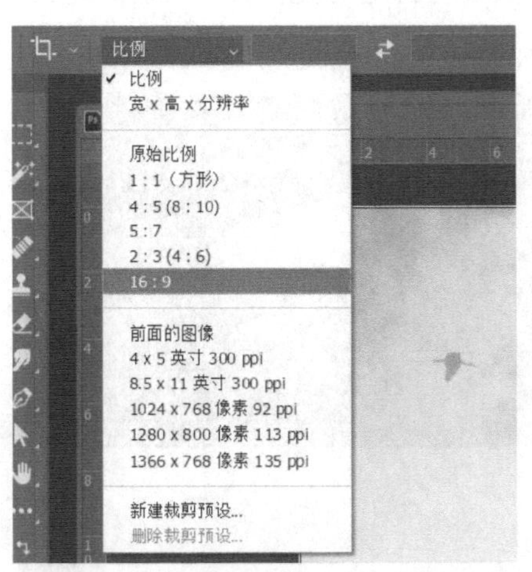

图 4－4

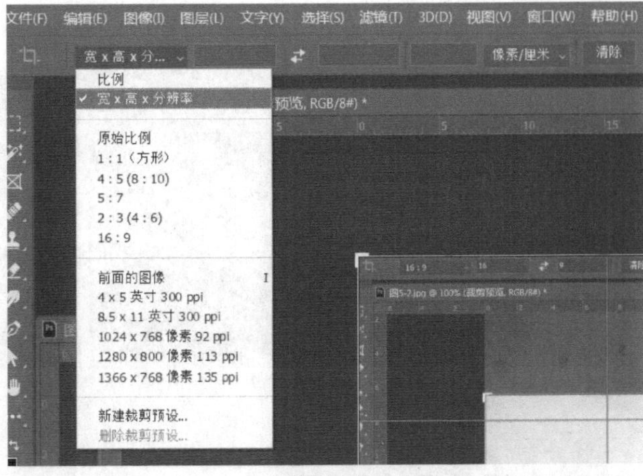

图 4－5

图 4－6

4.2 图像的变换

4.2.1 旋转视图

旋转视图工具(快捷键 R)是 Photoshop CS4 及以上版本新增的功能,尤其是对使用 Photoshop 进行绘画创作的用户来说,这个新功能是非常实用的使用快捷键 R 进行操作很简单,长按工具栏中的抓手工具后,在其下面就会显示旋转视图工具,选择旋转视图工具并将鼠标指针移到画面上拖动,画面就会旋转任意角度。单击工具属性栏上的复位视图,画面即可恢复正常,如图 4 - 7 所示。

图 4 - 7

4.2.2 旋转画布

执行菜单栏中的"图像"→"图像旋转"命令,系统将弹出如图 4 - 8 所示的"旋转画布"子菜单。

- 选取"180°"命令,可以将当前画面进行 180°旋转。
- 选取"90°(顺时针)"命令,可以将当前画面按顺时针旋转 90°。
- 选取"90°(逆时针)"命令,可以将当前画面按逆时针旋转 90°。
- 选取"任意角度"命令,系统将弹出"旋转画布"角度参数设置面板,如图 4 - 9 所示。在此面板中可以设置画布要旋转的角度及旋转的方向。
- 选取"水平翻转画布"命令,可以将当前画面水平进行翻转。选取"垂直翻转画布"命

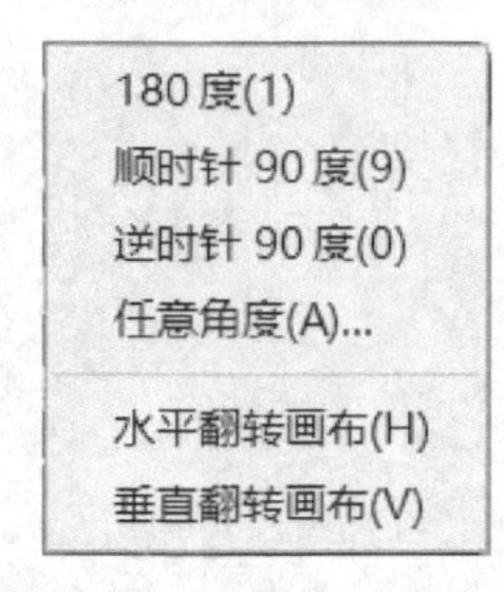

图 4 - 8

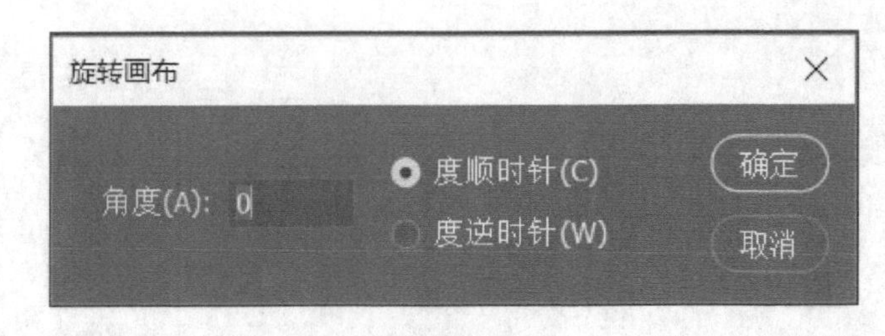

图 4 - 9

令，将当前画面垂直进行翻转。图 4 - 10(a)为原图，图 4 - 10(b)为水平翻转后的效果。

(a)

(b)

图 4 - 10

4.2.3　变换图像

图像的变换可以用“编辑”菜单中的“变换”命令，也可以用“自由变换”命令。

1. “变换”命令

打开一幅 JPEG 图像，创建选区，如图 4 - 11 所示。单击“编辑”菜单中的“变换”命令，将弹出如图 4 - 12 所示子菜单。根据不同的需要选择命令选项，对图像进行调整。各子命令的作用和用法具体介绍如下。

图 4 - 11

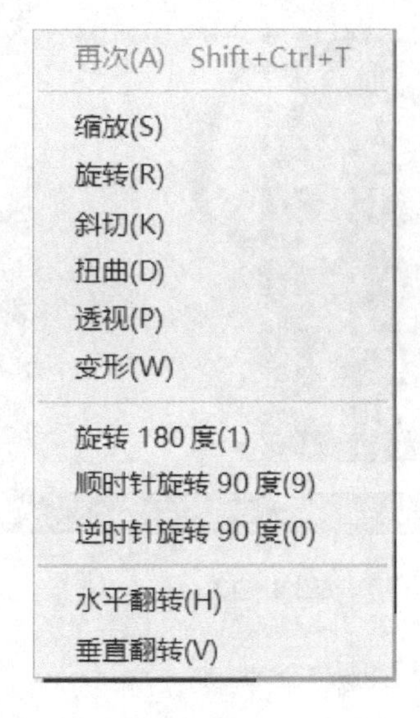

图 4 - 12

技能点拨：打开 JPEG 图像默认是在图层调板中显示为“背景”图层，此时不能直接调用“编辑”菜单中的“变换”命令，而是需要创建选区或将“背景”图层转换为普通图层。

(1)“缩放”命令

选择“编辑”→“变换”→“缩放”菜单命令，在选中的图像四周显示一个矩形框，在矩形框上的 8 个控制点标记。将鼠标光标放置在矩形框的任意控制点上，鼠标光标会变为直线的双向箭头，按下鼠标左键进行拖拽，即可对图像进行大小调整。调整完成按下回车键即可完成图像的变换。对图 4-11 缩放后的效果如图 4-13 所示。

单击 8 个控制点中的任意一个，按下鼠标左键进行拖拽，可以看到图像是按照原始宽度和高度等比例地进行缩放调整的。若不想按图像原始宽度和高度等比例缩放调整，需要同时按住 Shift 键即可。

按下 Shift+Alt 键，将鼠标光标放置到变形框任意一角的控制点上，再按住鼠标左键进行拖拽，可以将图像按照宽度和高度等比例进行缩放调整。

(2)“旋转”命令

选择“编辑”→“变换”→“旋转”菜单命令，为当前选择区添加旋转变形框，将鼠标光标移动到矩形框周围任意位置处，鼠标光标变成弧线的双向箭头，按住鼠标左键进行拖拽，即可对选区内的图像进行旋转调整。图 4-14 即为旋转选区内图像后的效果。

按下键盘上的 Shift 键，可以将图像以每次 15°的速度进行旋转。

图 4-13

图 4-14

(3)“斜切”命令

选择“编辑”→“变换”→“斜切”菜单命令，为当前选择区添加斜切变形框，将鼠标光标放置在矩形框四边的控制点上，鼠标光标变为双向箭头，按住鼠标左键进行拖拽，即可使选区内的图像呈斜切效果，如图 4-15 所示。

(4)"扭曲"命令

选择"编辑"→"变换"→"扭曲"菜单命令，为当前选择区添加斜切变形框，将鼠标光标放置在矩形框四边的控制点上，鼠标光标变为灰色单向箭头，按住鼠标左键进行拖拽，即可使选区内的图像进行任意扭曲变形，如图 4－16 所示。

图 4－15

图 4－16

(5)"透视"命令

选择"编辑"→"变换"→"透视"菜单命令，为选区添加透视变形框，将鼠标光标放置在矩形框四边的控制点上，鼠标光标变为灰色单向箭头，按住鼠标左键进行拖拽，即可对选区内的图像进行水平或垂直方向的对称变形，从而产生图像的透视效果，如图 4－17 所示。

(6)"变形"命令

选择"编辑"→"变换"→"变形"菜单命令，出现如图 4－18 所示的变换框。在选项栏中可设置系统所设定的变形，如图 4－19 所示；也可以对变换框中的各个节点任意拖动变形，图 4－20 所示为拖动节点的效果。

(7)"旋转 180°""旋转 90°(顺时针)"和"旋转 90°(逆时针)"命令

使用"编辑"→"变换"→"旋转 180°" "编辑"→"变换"→"旋转 90°(顺时针)"和"编辑"→"变换"→"旋转 90°(逆时针)"命令对图像操作所产生的效果，都可以直接使用"编辑"→"变换"→"旋转"命令来完成，但是使用这 3 种命令在速度方面要比旋转命令快得多。

(8)"水平翻转"和"垂直翻转"菜单命令

使用"编辑"→"变换"→"水平翻转"命令可以使选区内的图像水平翻转，使用"编辑"→"变换"→"垂直翻转"命令可以使选区内的图像垂直翻转。

(9)"再次"命令

在变形菜单中还有一个"再次"命令，在利用变形框对图像进行变形后，再使用此命令。执行此命令相当于再次执行刚才的变形操作。

图 4－17

图 4－18

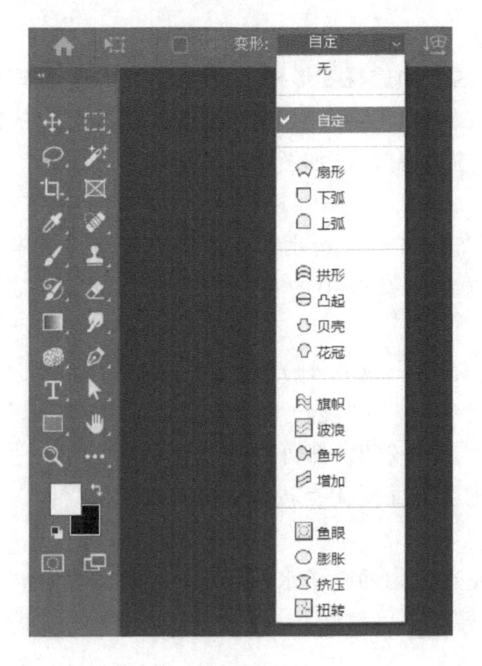

图 4－19

图 4－20

2. "自由变换"命令

"自由变换"命令是图像处理过程中常用到的命令。选择"编辑"→"自由变换"菜单命令(快捷键 Ctrl＋T),在选区四周或整个图层四周显示一个矩形框,矩形框上有 8 个控制点标记,如

图 4 - 21 所示。此时再次单击鼠标右键将弹出如图 4 - 22 所示的快捷菜单，用鼠标左键单击各命令即可进行相应的变换。这与“编辑”→“变换”命令中的子命令是相同的，在此不再累述。

图 4 - 21

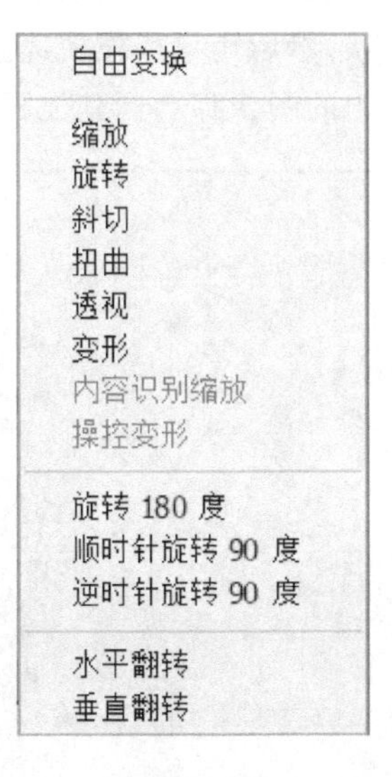

图 4 - 22

注意：同“变换”命令一样，“自由变换”命令也无法使用在“背景”图层上。

图 4 - 23 所示为经过自由变换旋转后的一种效果。

图 4 - 23

4.3 图像的移动、复制和删除

1. 移动图像

使用移动工具可以将选区或图层移动到图像中的新位置。在“信息”调板打开的情况下,还可以跟踪移动的确切距离。单击工具箱内的移动工具按钮,鼠标指针变成带剪刀的黑色箭头状,然后用鼠标拖拽选区内的图像,即可移动选区内的图像,如图 4-24 所示。还可以将选区内的图像移动到其他画布窗口内,如图 4-25 所示。

图 4-24

图 4-25

移动工具的选项栏如图 4-26 所示。

图 4-26

各选项作用如下:

“自动选择”复选框:选中后,使用移动工具单击图像可自动选择单击处所在的图层或图层组。

“显示变换控件”复选框:选中该复选框后,可在对图像执行变换时显示变换的控件。

对齐分布按钮:可对选中的对象进行对齐和分布。

2. 复制图像

复制图像与移动图像的操作基本相同,只是在用鼠标拖拽选区内的图像时,须同时按下 Alt 键,鼠标指针变为重叠的黑白双箭头。复制后的图像如图 4-27 所示。

3. 删除图像

① 将要删除的图像选中,按下 Delete 键或是 Backspace 键,即可将选区内的图像删除。

注：在 Photoshop CC 版本中，背景图层不能用这种方法。

② 也可以使用菜单命令删除图像：选择“编辑”菜单中的“清除”命令或“剪切”命令，可将选区内的图像删除。删除图像后，原选区将显示背景图层上的颜色，如图 4－28 所示。

图 4－27

图 4－28

4.4　设计实例：洁面膏宣传海报制作

在 Photoshop 中新建一个图像文件，要求文件大小设置如下：宽度 210 mm、高度 297 mm、300 dpi 分辨率、RGB 色彩，如图 4－29 所示。

图 4－29

在 Photoshop 中打开制作海报所需要的产品图片，将产品图片和新建图像文件分为两个窗口显示(或多窗口)，如图 4-30 所示。

图 4-30

将产品区域进行选择(使用钢笔工具或魔棒工具)，使用移动工具将选择的产品区域图像拖拽至新建图像文件位置，即完成了不同图像文件的复制，如图 4-31 所示。

图 4-31

使用椭圆选框工具建立一个正圆进行描边，调整产品图像的大小和位置，将产品放置在圆形中 12 点的位置上，如图 4-32 所示。

将产品图像进行复制，并移动至圆形中 6 点的位置上，如图 4-33 所示。

选择所复制产品图像所在图层，选择“编辑”→“变换”→“垂直翻转”菜单命令进行图像位置的垂直翻转，如图 4-34 所示。

将两个产品图像所在的图层进行合并(图层向下合并快捷键 Ctrl+E)，将合并后的图像图层再复制，将复制后的图层使用“自由变换”(Ctrl+T)命令进行图像的旋转(90°)，如图 4-35 所示。

将圆形内 12、3、6、9 点位置的产品图像图层合并，再次复制并使用“自由变换”命令进行旋转，如图 4 - 36 所示。以此类推，完成圆形内 12 个产品图像向心方向位置的摆放，如图 4 - 37 所示。

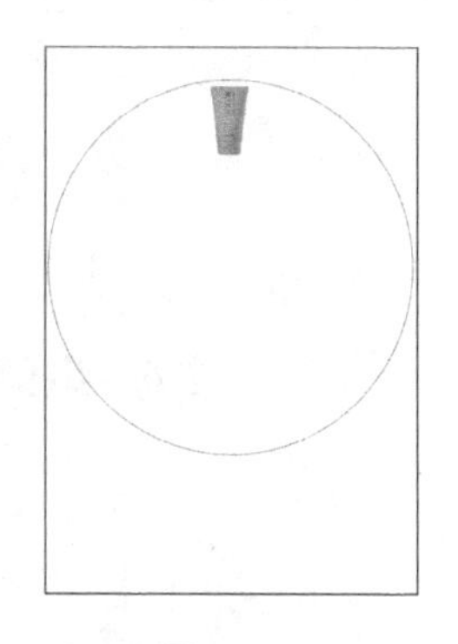

图 4 - 32

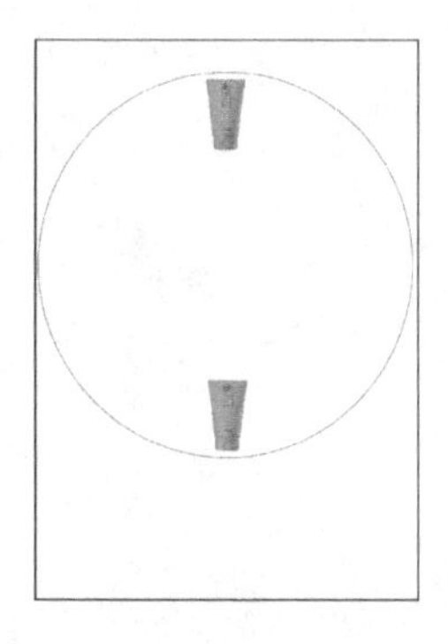

图 4 - 33

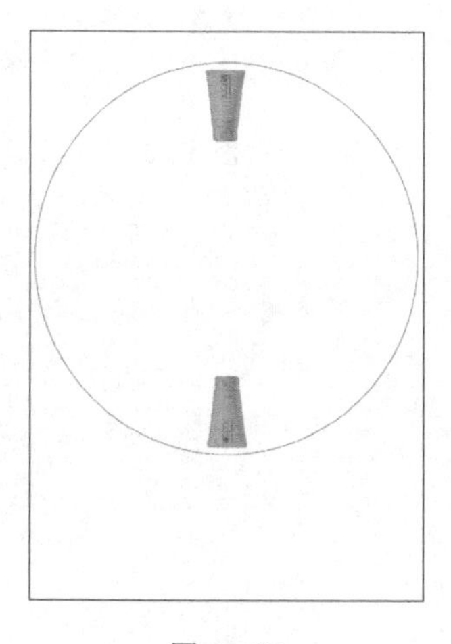

图 4 - 34

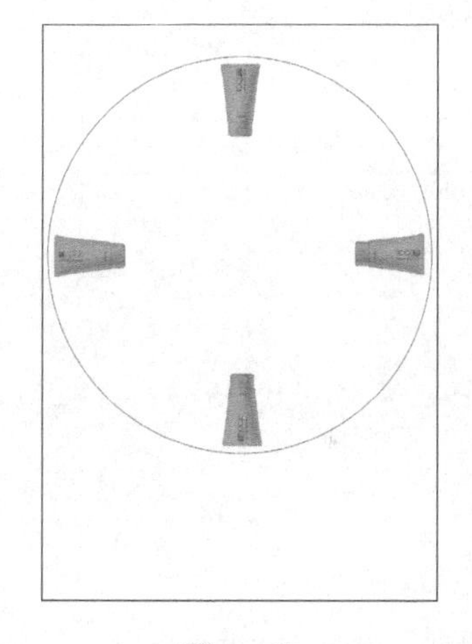

图 4 - 35

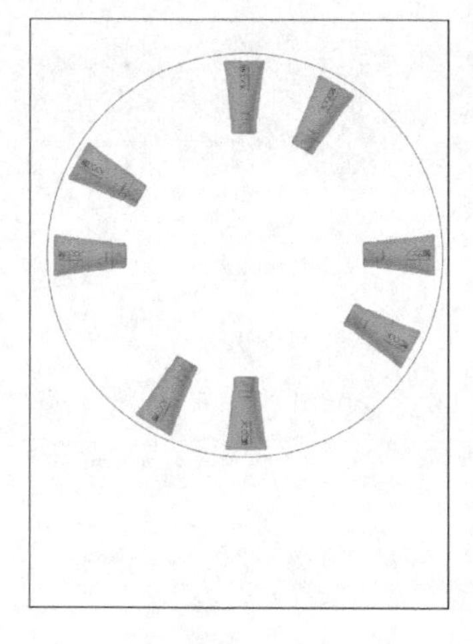

图 4 - 36

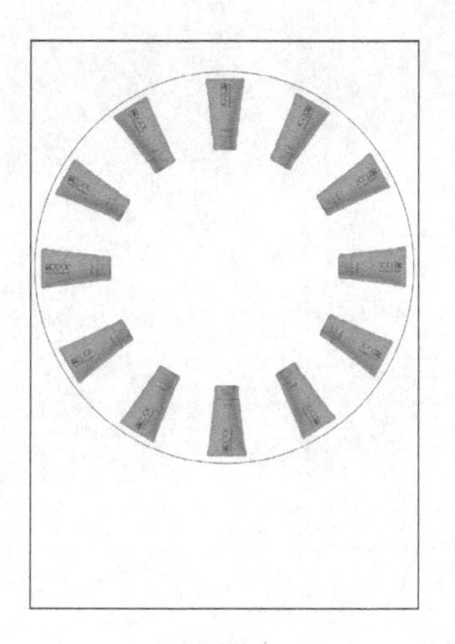

图 4 - 37

将背景图层填充为黄色，沿着圆形将圆形区域内填充为白色，如图 4 - 38 所示。添加相应的文字内容，并对文字进行描边处理，即可得到最终效果，如图 4 - 39 所示。

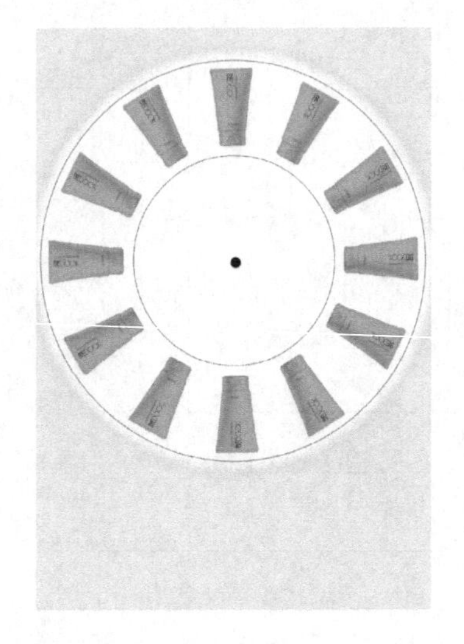

图 4 - 38

图 4 - 39

第 5 章　创建选区及编辑选区

选区工具应用于被限定的区域，它在 Photoshop 中的重要性一点也不亚于图层。当确立一个选区时，所有操作只对选区内起作用，这样可以精准地对选区内的图像进行调整，包括局部曝光、调色、消除等。

5.1　创建选区

5.1.1　规则选区(快捷键 M)

Photoshop 中的选区大部分是靠使用选区工具来实现的。规则选取工具共 4 个，集中在工具栏上部，分别是矩形选框工具、椭圆选框工具、单行选框工具、单列选框工具，如图 5 - 1 所示。

当需要对对象的某个特定地方进行规则处理时，可使用选框工具来进行范围选定，然后进行精准处理，如图 5 - 2 所示。

图 5 - 1　　　　图 5 - 2

选择矩形选框工具，可直接在画布上进行拖动，就可以画出相应的矩形，如图 5 - 3 所示。

选择椭圆选框工具，可直接在画布上进行拖动，就可以画出相应的椭圆形，如图 5 - 4 所示。

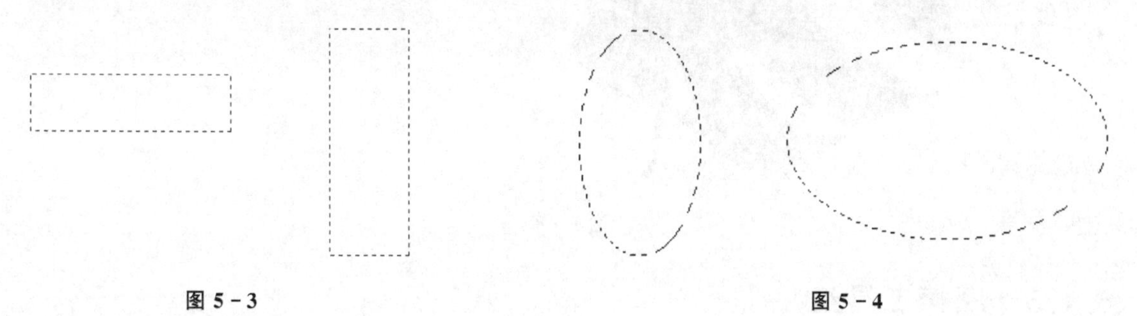

图 5 - 3　　　　图 5 - 4

选择单行选框或单列选框工具，可直接在拖动就可以画出一个像素宽的直线选区，如图 5 - 5 所示。

5.1.2 不规则选区(索套工具组)

在创建和编辑图形的过程中,经常会创建一些不规则的选区,此时需要适合的工具或者命令来进行选区的创建,例如:索套工具。

在图片处理当中,不规则选区非常重要且常用,它可以让用户非常便捷地对复杂图形进行特定选取。

不规则选区工具组包含索套工具、多边形索套工具、磁性索套工具,如图 5-5 所示。

技能点拨:三个选区工具可以用快捷键 L 来进行切换。取消选区可用快捷键 Ctrl+D,结束选区则单击 Enter 键即可。

索套工具:也称为自由索套工具,可以任意绘制外形的选区,按住鼠标左键进行拖动,就可以形成一个封闭的蚂蚁线选区。但是这个工具不能根据图形外形进行智能选区,只能根据鼠标移动轨迹进行选区,如图 5-6 所示。

多边形索套工具:多边形索套工具区别于自由索套工具,它只能绘制由直线形成的选区,用法与自由索套工具一样。该工具最适合对规则图形进行选区绘制,如图 5-7 所示。

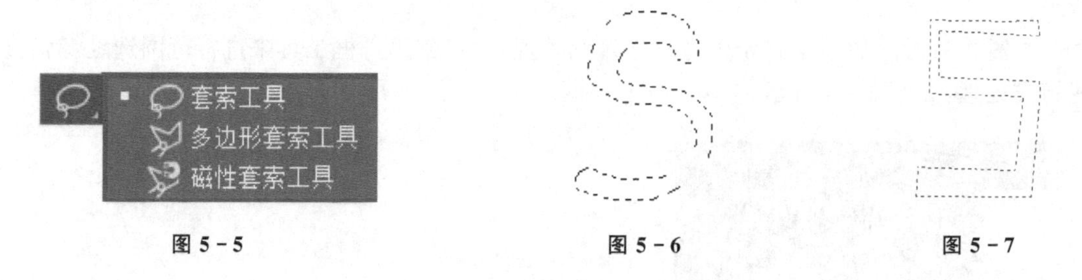

图 5-5　　图 5-6　　图 5-7

磁性索套工具:该工具是不规则选区当中最常用的一种工具,因为它如同磁铁一样,当把鼠标指针挪动到起点的时候,它会自动捕捉图形的轮廓,如图 5-8 所示。但该工具一般用于被选取物与背景有明确的界限的情况。当图形与背景颜色类似时,自动识别率较低。

图 5-8

5.1.3 魔棒工具组

魔棒工具组,顾名思义就是带有魔术效果的选区工具。当一张图片有多种颜色的时候,魔棒工具组自动选取颜色相近的选区。该工具组有快速选择工具、魔棒工具两种,如图 5-9 所示。

在使用魔棒工具的时候，在工具属性栏中可以设置“容差值”的参数，容差值越大，选取的色彩范围就越大，反之越小，如图 5－10 所示。

图 5－9　　　　图 5－10

快速选择工具：顾名思义，功能和作用就是快速、选择，可以以最快的速度选择你想要的区域，在选择图片中的某个点之后，它就会自动选择与这个点颜色相近的区域，如图 5－11 所示。

魔棒工具：单击需要选区的区域，魔棒工具自动选取整个画面颜色相近的区域，虽然与快速选择工具的功能一样，但快速选择工具选择的是相邻的颜色区域，如图 5－12 所示。

图 5－11

图 5－12

5.2　编辑选区

编辑选区是对前面讲到选区工具组、索套工具组、魔棒工具组以上三个选区进行编辑，编辑的方式有新选区、叠加选择、去除选择、相交选择四种方式，如图 5－13 所示。

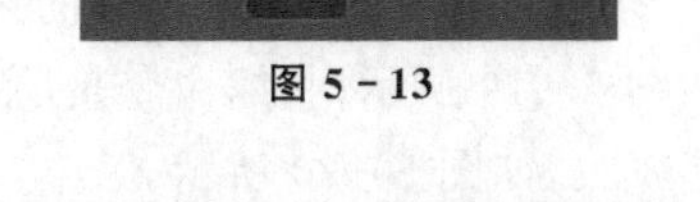

图 5－13

图 5－13 显示的四种方式也在相对应的工具属性栏中，例如使用魔棒工具时，选择叠加选择，如图 5－14 所示。

图 5－14

5.2.1　工具栏属性

新选区：用这个工具时，新的选区出现，之前的选区会自动消失。

叠加选择：用这个工具时，新的选区和原来的选区会叠加在一起，形成新的选区。按住 Shift 键可以直接实现这种效果，如图 5－15 所示。

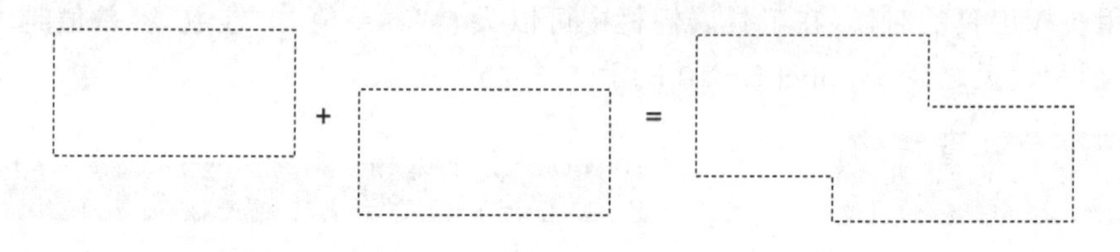

图 5-15

■去除选择：用这个工具时，新的选区和旧的选区相交的部分会被去除，按住 Alt 键可以直接实现这种效果，如图 5-16 所示。

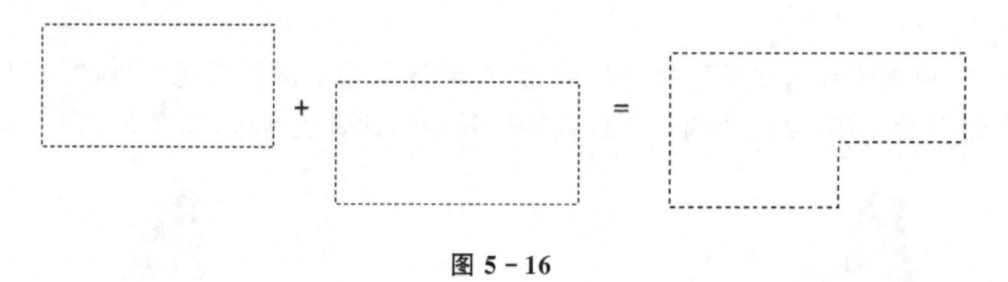

图 5-16

■相交选择：用这个工具时，新的选区和旧的选区相交的部分会被留下，其余的区域被去除，按住 Shift＋Alt 键可以直接实现这种效果，如图 5-17 所示。

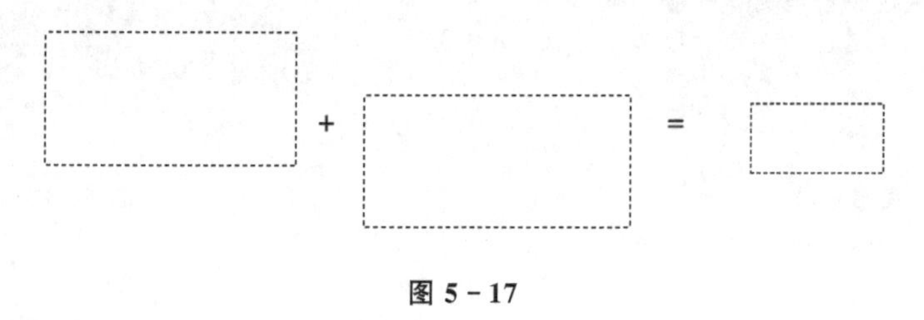

图 5-17

5.2.2 拓展与收缩

拓展命令与收缩命令是为了对选区进行更精确的调整。可通过菜单命令“选择”→“修改”→“拓展”(或“收缩”)来进行操作，如图 5-18 所示。

拓展命令是根据所填写的拓展量对选区进行扩大，拓展量越大，则拓展的选区范围越大，如图 5-19 所示；收缩命令是所填写的拓展量对选区进行缩小，收缩量越大，则收缩的选区范围越大，如图 5-20 所示。

5.2.3 羽化(快捷键 Shift＋F6)

“羽化”命令是在根据图形的形状创建选区后，进行相应的编辑。“羽化”命令可以柔化选区边缘，可通过菜单命令“选择”→“修改”→“羽化”来进行操作，也可用快捷键 Shift＋F6，如图 5-21 所示。

羽化半径以像素为单位，羽化半径值越大，虚化的范围越宽，过渡越柔和；羽化半径值越小，虚化的范围越窄，过渡越生硬，如图 5-22 所示。

对矩形选区进行羽化 50 像素后，再进行前景色进行填充所得的效果，如图 5-23 所示。

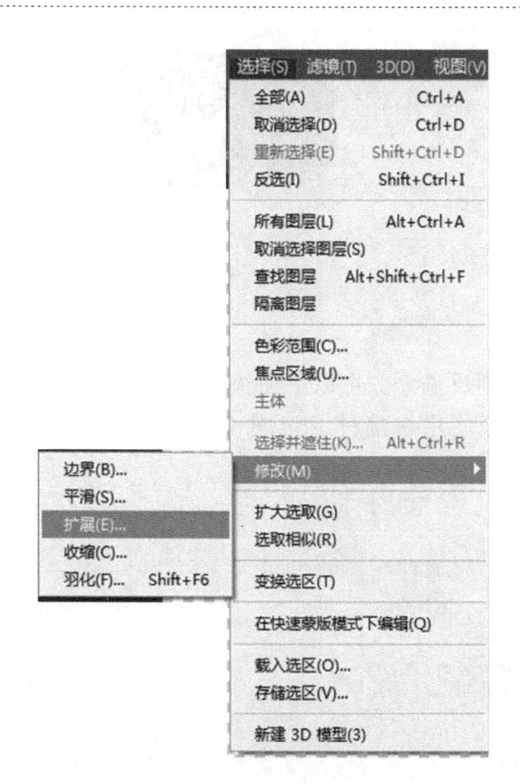

图 5－18

图 5－19

图 5－20

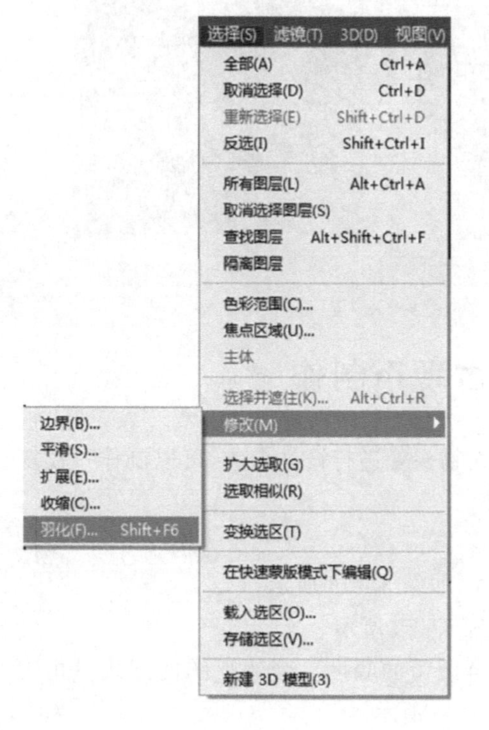

图 5－21

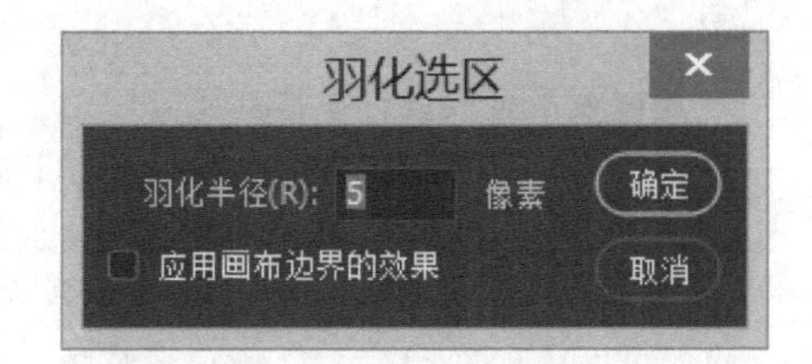

图 5－22

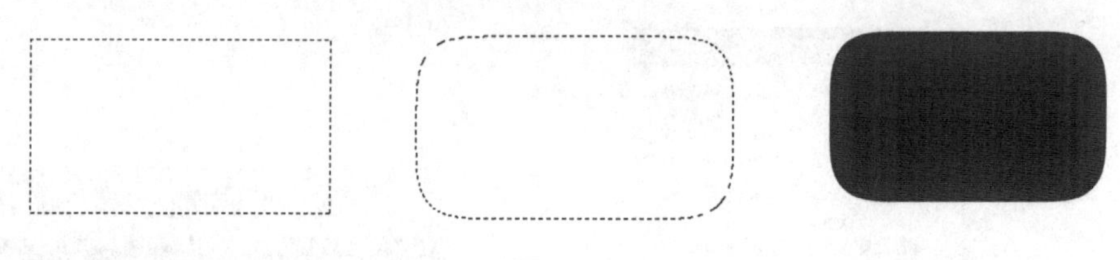

图 5-23

5.2.4 反选(快捷键 Shift+Ctrl+I)

反选命令,顾名思义就是将选区反转过来。利用反选命令可以更加快速地实现选区反转,可通过菜单命令"选择"→"反选"来进行操作,也可使用快捷键 Shift+Ctrl+I,如图 5-24 所示。

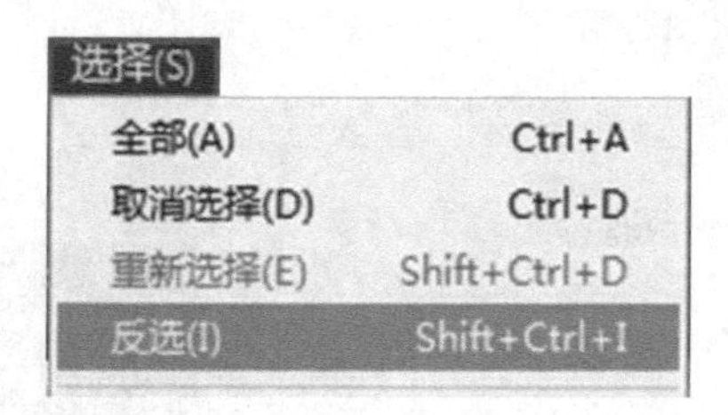

图 5-24

对白底的心形图形选区进行反选,再进行浅灰色颜色填充的效果,图 5-25 所示。

图 5-25

5.3 综合实例:复古硬币制作

根据复古硬币的设计风格,选定一个硬币素材和人物头像进行设计合成,可以制作一枚复古硬币。

复古硬币合成设计操作如下:

① 新建一个背景色为白色的、正方形的 RGB 文件,如图 5-26 所示。

② 将图片素材导进 PS,建立图层,如图 5-27~图 5-29 所示。

③ 利用多边形索套工具对人物进行抠图以贴合硬币的幅度。当然抠图的方式不止这一种,还能用快速选择工具、魔棒工具等。效果如图 5-30 所示。

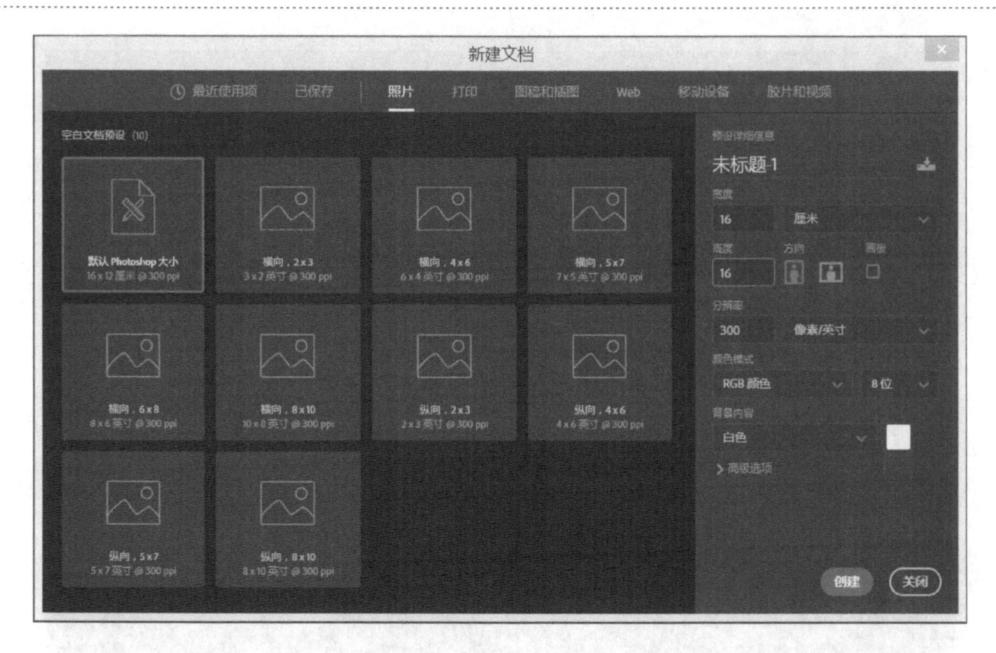

图 5 - 26

图 5 - 27

图 5 - 28

④ 在右键快捷菜单中选择“通过剪切的图层”命令对抠出的人物进行图层剪切，如图 5 - 31 所示。

⑤ 使用自由变换工具 Ctrl＋T 对图层进行调整，如图 5 - 32 所示。

⑥ 对人物素材图层进行变色处理，调整为符合钱币的色调，所用命令为“图层”→“更改图层样式”→“明度”，如图 5 - 33 所示。

⑦ 对人物图层增加立体感，对图层添加图层样式，选择斜面和浮雕，调整参数如图 5 - 34、图 5 - 35 所示。

图 5 - 29

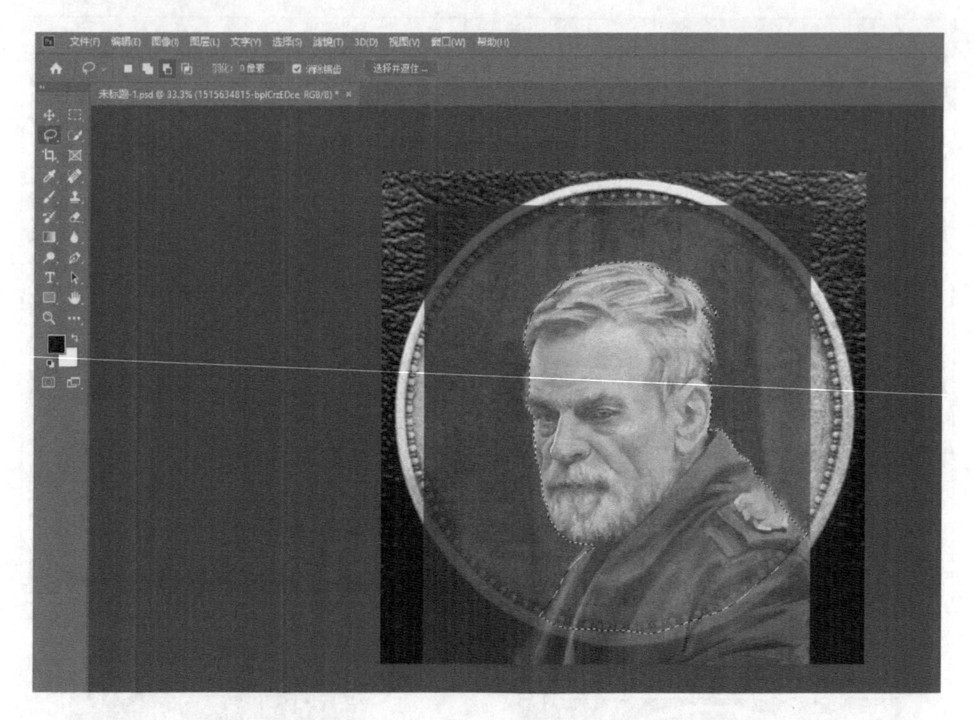

图 5 - 30

图 5 - 31

⑧ 对人物素材进行更细致的调整，所用命令为“滤镜”→“锐化”→“智能锐化”，调整参数如图 5 - 36、图 5 - 37 所示。

图 5－32

正常
溶解
变暗
正片叠底
颜色加深
线性加深
深色
变亮
滤色
颜色减淡
线性减淡（添加）
浅色
叠加
柔光
强光
亮光
线性光
点光
实色混合
差值
排除
减去
划分
色相
饱和度
颜色
填充：100%

图 5－33

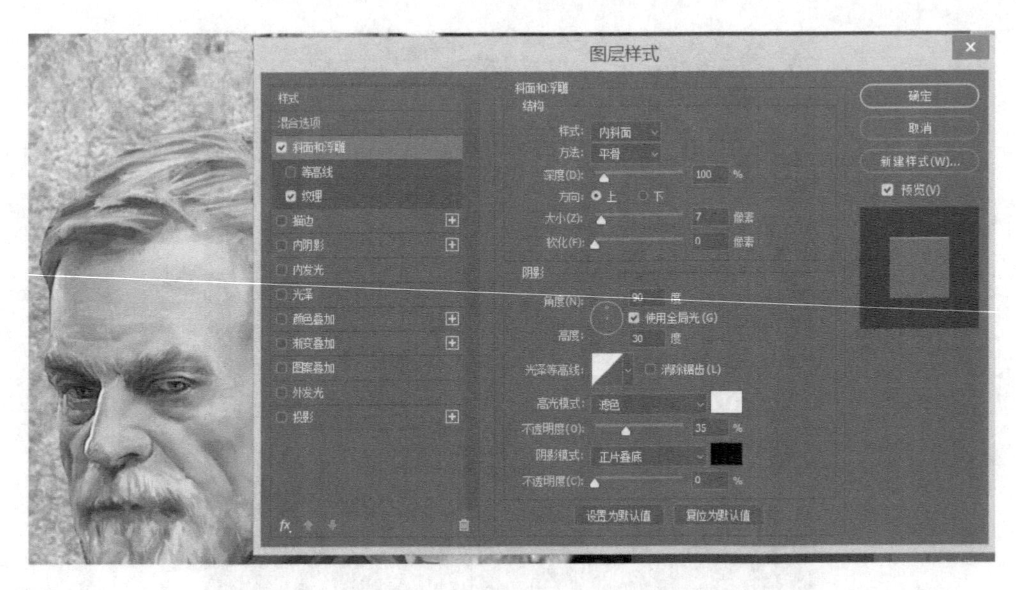
图层样式
样式
混合选项
斜面和浮雕
等高线
纹理
描边
内阴影
内发光
光泽
颜色叠加
渐变叠加
图案叠加
外发光
投影
斜面和浮雕
结构
样式: 内斜面
方法: 平滑
深度(D): 100 %
方向: 上 下
大小(Z): 7 像素
软化(F): 0 像素
阴影
角度(N): 90 度
使用全局光(G)
高度: 30 度
光泽等高线:
消除锯齿(L)
高光模式: 滤色
不透明度(O): 35 %
阴影模式: 正片叠底
不透明度(C): 0 %
设置为默认值
复位为默认值
确定
取消
新建样式(W)...
预览(V)

图 5-34

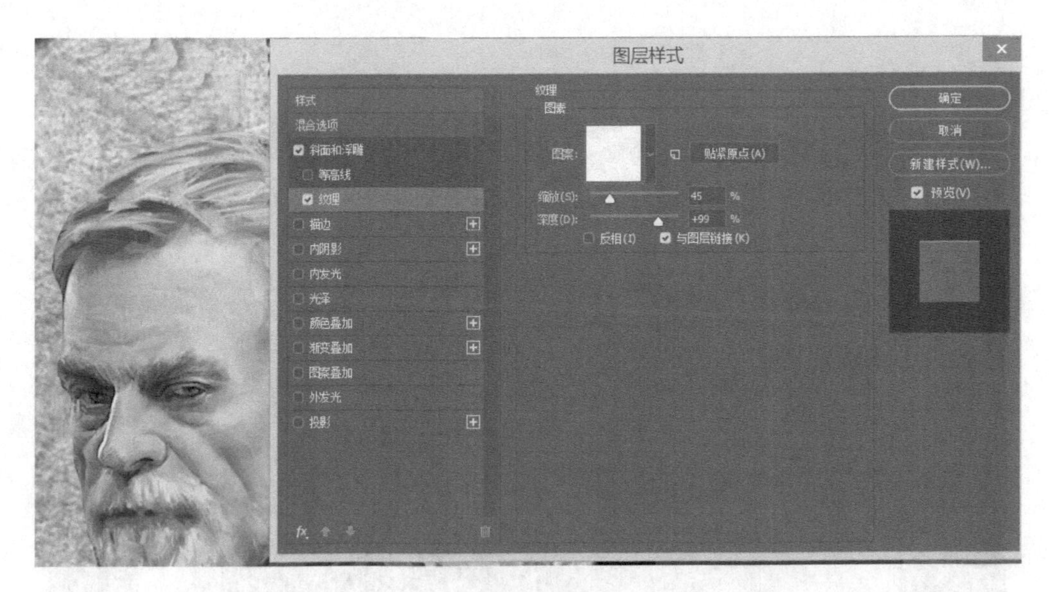
图层样式
样式
混合选项
斜面和浮雕
等高线
纹理
描边
内阴影
内发光
光泽
颜色叠加
渐变叠加
图案叠加
外发光
投影
纹理
图素
图案:
贴紧原点(A)
缩放(S): 45 %
深度(D): +99 %
反相(I)
与图层链接(K)
确定
取消
新建样式(W)...
预览(V)

图 5-35

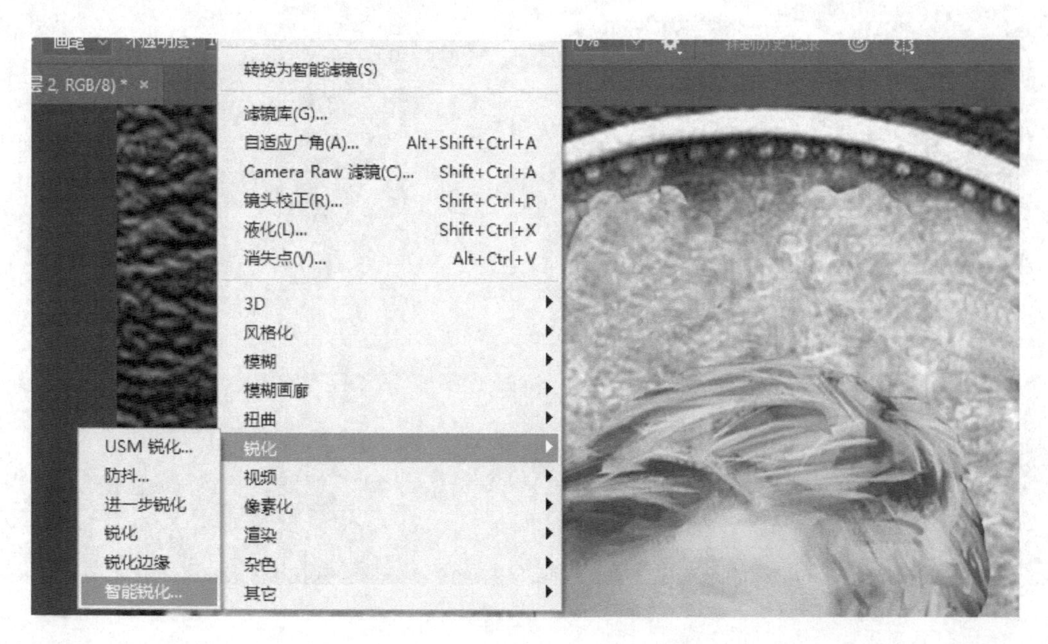
转换为智能滤镜(S)
滤镜库(G)...
自适应广角(A)... Alt+Shift+Ctrl+A
Camera Raw 滤镜(C)... Shift+Ctrl+A
镜头校正(R)... Shift+Ctrl+R
液化(L)... Shift+Ctrl+X
消失点(V)... Alt+Ctrl+V
3D
风格化
模糊
模糊画廊
扭曲
锐化
视频
像素化
渲染
杂色
其它
USM 锐化...
防抖...
进一步锐化
锐化
锐化边缘
智能锐化...

图 5－36

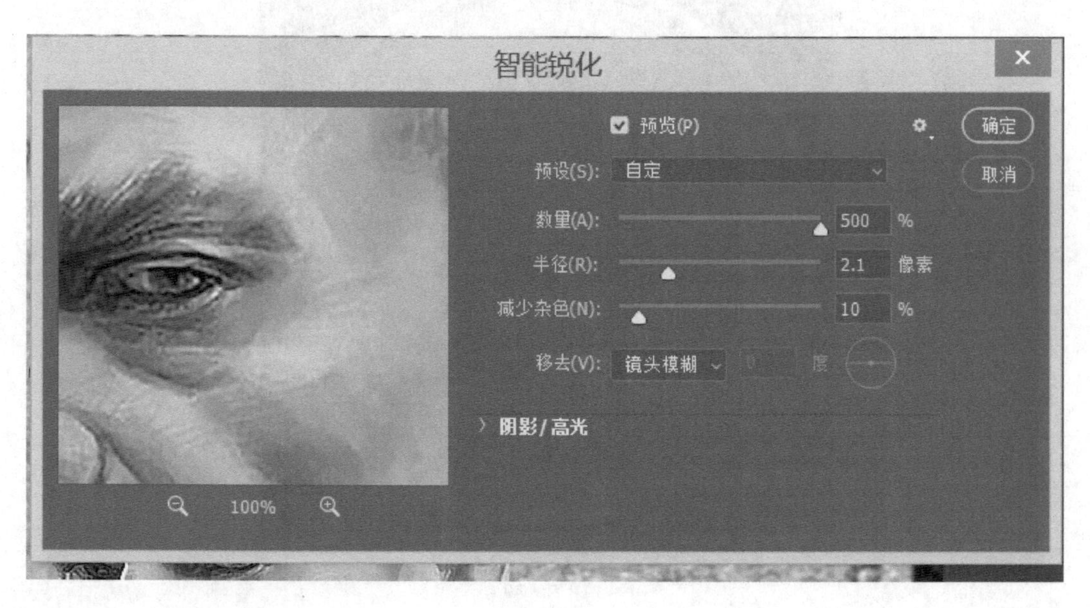
智能锐化
预览(P)
确定
取消
预设(S): 自定
数量(A): 500 %
半径(R): 2.1 像素
减少杂色(N): 10 %
移去(V): 镜头模糊
阴影/高光
100%

图 5－37

⑨ 最后，调整人物图层的不透明度，让人物和硬币更好地融合，如图 5－38 所示。

图 5－38

⑩ 最终效果如图 5－39 所示。

图 5－39

第 6 章 填充图像

6.1 拾色器工具

6.1.1 “前景色和背景色设置”工具

工具箱中的“前景色和背景色设置”工具如图 6－1 所示。

各按钮作用如下：

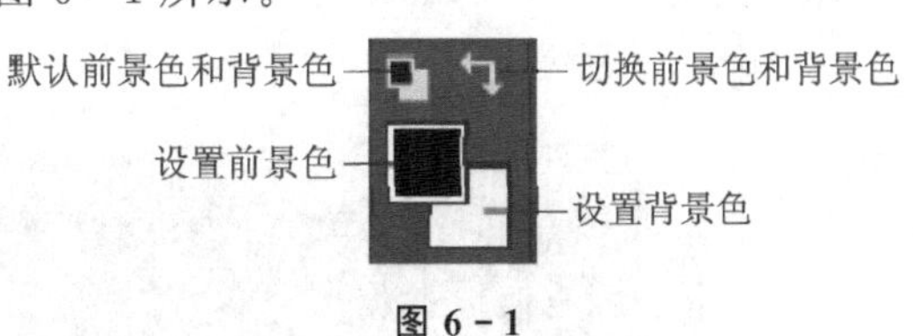

图 6－1

① “设置前景色”按钮：给出了所设的前景色颜色。用单色绘制和填充图像时的颜色是由前景色决定的。单击该按钮可打开“拾色器”对话框，利用该对话框可设置前景色。另外，也可以使用“颜色”调色面板或“色板”调色面板等来设置前景色。

② “设置背景色”按钮：给出了所设的背景色颜色。背景色决定了画布的背景颜色。单击该按钮可打开“拾色器”对话框。

③ “默认前景色和背景色”按钮：单击该按钮可使前景色和背景色还原为默认状态，即前景色为黑色，背景色为白色。

④ “切换前景色和背景色”按钮：单击该按钮可以将前景色和背景色的颜色互换。

6.1.2 “拾色器”对话框

单击“前景色”或“背景色”按钮，可打开“拾色器”对话框。拾色器分为 Adobe 和 Windows 两种。默认是 Adobe 拾色器，其对话框如图 6－2 所示。使用 Adobe“拾色器”对话框中各选

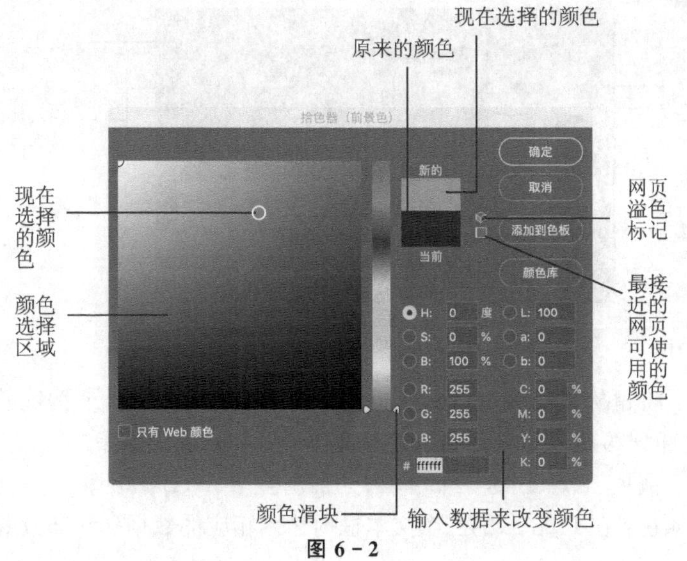

图 6－2

项作用与用法如下：

① 粗选颜色：将鼠标指针移到“颜色滑块”内，单击一种颜色，这时“颜色选择区域”的颜色也会随之发生变化。在“颜色选择区域”内会出现一个小圆，它是目前选中的颜色。

② 细选颜色：将鼠标指针移到“颜色选择区域”内，单击(此时鼠标指针变为小圆状)要选择的颜色。

③ 选择自定颜色：单击“颜色库”按钮，弹出“颜色库”对话框，利用该对话框可以选择“颜色库”中自定义的颜色。

④ 精确设定颜色，可在 Adobe“拾色器”对话框右下角的各文本框内输入设定的颜色。在“#”文本框内应输入 RGB 色彩编号。

存储设定颜色，用 Adobe“拾色器”对话框右侧“添加到色板”命令可以将颜色存储在库面板中，如图 6-3 所示。

图 6-3

6.1.3 使用“颜色”调色面板设置前景色和背景色

单击“窗口”菜单中的“颜色”命令，将在 Photoshop 界面右侧看到“颜色”调色面板，如图 6-4 所示。利用“颜色”调色面板设置前景色和背景色的方法如下：

① 选择设置前景色或设置背景色：单击选中“前景色”或“背景色”色块，确定是设置前景色还是设置背景色。

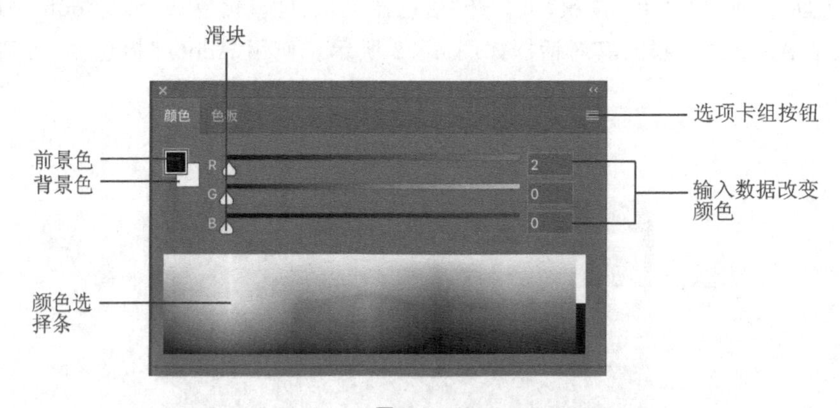

图 6-4

② 粗选颜色：将鼠标指针移到“颜色选择条”中，此时鼠标指针变为吸管状。单击一种颜色，可以看到其他部分的颜色和数据也随之发生变化。

③ 细选颜色：拖拽 R、G、B 的三个滑块，分别调整 R、G、B 颜色。

④ 精确设定颜色：在 R、G、B 的三个文本框内输入相应的数据(0～255)来精确设定颜色。

⑤ 双击"前景色"或"背景色"色块，调出"拾色器"对话框，按照上述方法进行颜色的设置。

⑥ 选择接近的打印色：如果图像需要打印，且出现"打印溢出标记"按钮，则需再次单击"最接近的可打印色"按钮。

⑦ "颜色"调色面板菜单的使用：单击"颜色"调色面板右上角的菜单按钮，将调出"颜色"调色面板的菜单，如图 6－5 所示。再选择菜单命令，即可执行相应的操作。例如：单击"CMYK 滑块"命令，可使"颜色"调色面板变为 CMYK 模式下的"颜色"调色面板，如图 6－6 所示。

图 6－5

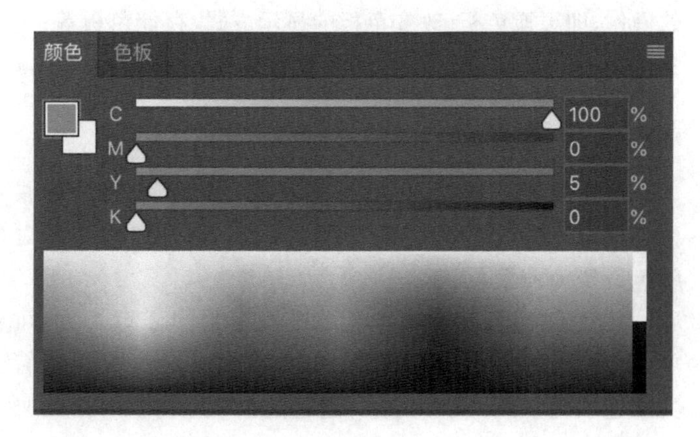

图 6－6

6.1.4　使用"色板"调色面板设置前景色

在图 6－7 所示的"颜色"调色面板中，单击打开"色板"调色面板。

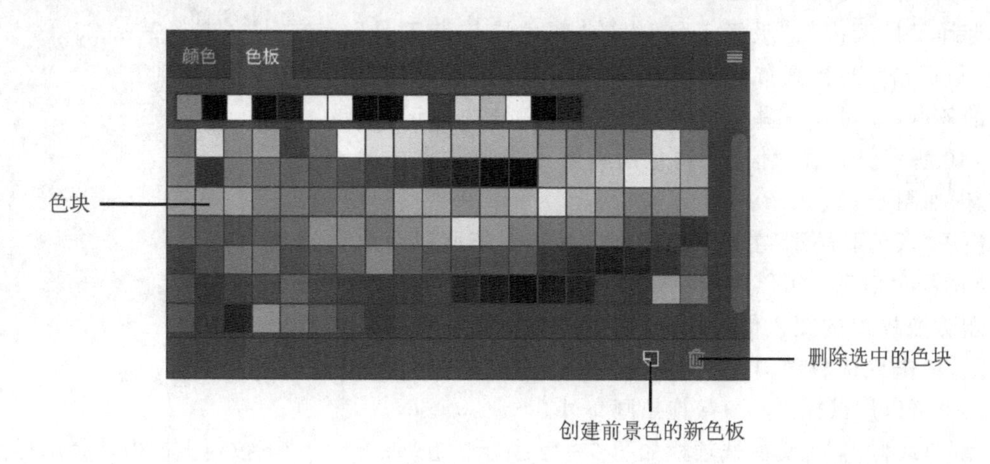

图 6－7

① 设置前景色：将鼠标指针移到“色板”调色面板内的色块上，此时鼠标指针变为吸管状。稍等片刻，即会显示出该色块的颜色名称。单击色块，即可将前景色设置为该色块的颜色。

② 创建新色块：如果“色板”调色面板内没有与当前前置色颜色一样的色块，则可单击“创建前景色的新色板”按钮，可在调色面板内色块的最后创建一个与前景色颜色一样的色块。

③ 删除原有色块：单击选中一个要删除的色块，不要松开鼠标左键，将它拖拽到“删除色块”按钮上，即可删除该色块。

④ “色板”调色面板菜单的使用：单击“色板”调色面板右上角的“调色面板菜单”按钮，调出“色板”调色面板的菜单，部分菜单命令如图 6 - 8 所示。再选择菜单命令，即可执行相应的操作，即更换色板、改变色板的显示方式、存储色板等。

图 6 - 8

6.1.5 使用“吸管工具”设置前景色和背景色

单击按下工具箱内的“吸管工具”按钮，再将鼠标指针移到面布窗口内部，单击画布中的任一处，即可将单击处的颜色设置为前景色。

按住 Alt 键，用吸管工具单击画布中的任意一处，可将单击处的颜色设置为背景色，工具取样点的大小。联管工具的选项栏如图 6 - 9 所示。通过选择“取样大小”下拉列表框内的不同选项，可以改变吸管工具取样点的大小。

6.1.6 获取多个点的颜色信息

如果想了解一幅图像中任意一点或几个点的颜色信息，可以使用“颜色取样器工具”。

选择工具箱内的“吸管工具”组的“颜色取样器工具”，将鼠标指针移到画布窗口内部，单击画布中要获取颜色信息的各点，即可在这些点处产生带数值序号的标记，如图 6 - 10 所示。同时，“信息”调色面板给出各取样点的颜色信息，如图 6 - 11 所示。

使用“颜色取样器”在同一幅图像中最多只能同时获取 4 个点的颜色信息。可以用鼠标拖动来改变取样点的位置。若要删除取样点的颜色信息标记，则可将鼠标指针移到该标记上，单击鼠标右键，打开其快捷菜单，选择“删除”命令即可。也可以用鼠标将其直接拖出画布外。

“颜色取样器”工具的选项栏如图 6 - 12 所示。在“取样大小”下拉列表框内选择取样点的大小。单击该选项栏内的“清除”按钮，可将所有取样点的颜色信息标记删除。

图 6-9

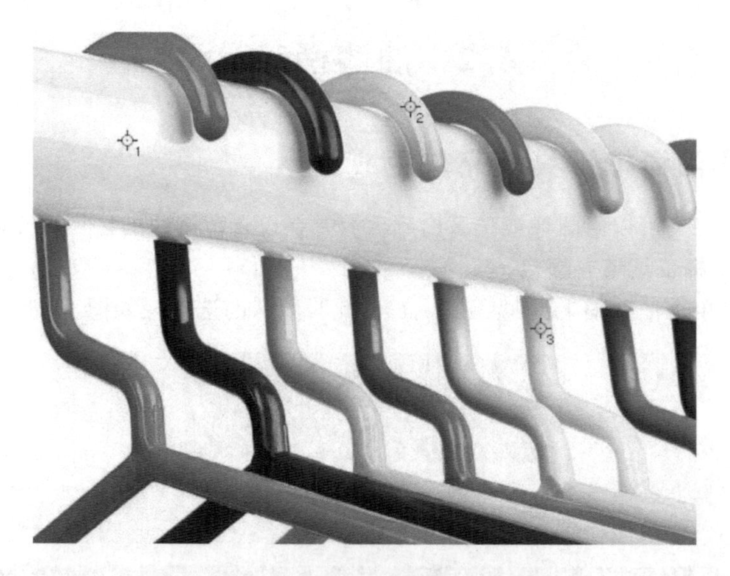

图 6-10

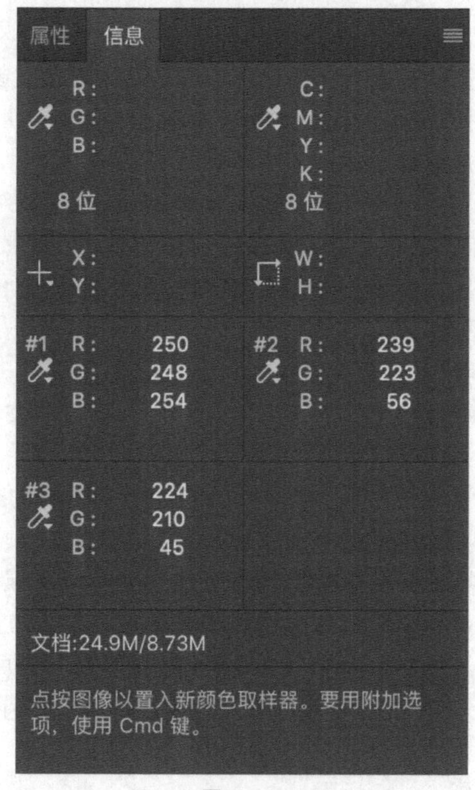

图 6-11

图 6-12

6.2 油漆桶工具

6.2.1 使用油漆桶工具填充单色或图案

使用油漆桶工具可以给图像或选区内颜色容差在设置范围内的区域填充颜色或图案。

1. 使用油漆桶工具填充颜色

在工具箱中单击油漆桶工具(见图 6-13),此时默认的选项栏如图 6-14 所示。

图 6-13

图 6-14

在填充下拉列表框中选择“前景”后,单击图像或选区内要填充颜色或图案处,即可给单击处及与该处颜色容差在设置范围内的区域填充当前的前景色。

2. 使用油漆桶工具填充图案

选择“图案”,此时的“图案”下拉列表权变为有效,单击该下拉列表框的黑色按钮,可调出一个“图案样式”面板。利用该面板可以选择填充的图案,也可以载入、删除、新建图案等。选择一种图案,单击图像成选区内要填充颜色或图案处,即可给单击处及与该处颜色容差在设置范围内的区域填充选中的图案。

3. 其余部分选项的作用

① “模式”下拉列表框用以选择填免的颜色或图案与原图中被填充所覆盖的区域的混合方式。不同的模式有不同的特殊效果。

② “容差”文本框:与“魔棒”工具选项栏中的“容差”文本框的作用基本一样。其数值决定了填充色的范围。其值越大,填充的范围也越大。

③ “连续的”复选框:若选中该复选框,则只给与单击处相邻且颜色在容差范围内的区域填充颜色或图案。否则,在颜色容差范围内的所有像素都将被填充上膜色成图案。

④ “所有图层“复选框:选中用于“所有图层”填充操作对所有可见圈层有效,即给所有图层中在颜色容差范围内的区域填充颜色或图案。否则,操作只对当前图层有效。

若图像中创建了选区,则所有操作只在选区内有效。图 6-15 所示为创建了矩形选区的原图,填充图案后的效果如图 6-16 所示。

图 6 - 15

图 6 - 16

6.2.2　定义图案

1. 定义整幅图像为图案

① 打开幅较小的图像，如果图像较大，则可单击“图像”→“图像大小”菜单命令，打开“图像大小”对话框，设置图像大小。

② 单击“编辑”→“定义图案”菜单命令，打开“图案名称”对话框，如图 6 - 17 所示。在该对话框中输入图案名称，单击“确定”按钮即可将图像定义为新图案。

2. 定义图像的一部分为图案

① 打开一幅图像，选择“矩形选框”工具，将要定义为图案的部分创建为该对话框中的输

图 6-17

入图案。

② 单击“编辑”→“定义图案"菜单命令，打开“图案名称”对话框。在该对话框中输入图案名称，单击“确定”按钮即可将图像的一部分定义为新图案。

6.3 渐变工具

6.3.1 使用渐变工具填充渐变色

使用渐变工具可以给整个图像或选区填充渐变颜色。

在工具箱中选择渐变工具(见图 6-18)，新建画布。在所有参数为默认时，在画布中从左上角往右下角拖拽，即可为画布填充渐变色，如图 6-19 所示。

图 6-18

图 6-19

6.3.2　渐变工具各选项作用

渐变工具的选项栏如图 6 - 20 所示，各选项作用如下：

图 6 - 20

① “渐变方式”按钮组的渐变方式共有 5 种，不同的渐变方式可以表现出不同的渐变效果。

“线性渐变”按钮：可以产生起点到终点的直线形渐变。

“径向渐变”按钮：可以产生以鼠标光标起点为圆心、以鼠标拖拽的距离为半径的圆形渐变效果。

“角度渐变”按钮：可以产生以鼠标光标起点为中心、呈自光标拖曳的方向起旋转一周的锥形渐变效果。

“对称渐变”按钮：可以产生以拖动点为中心、呈两边对称的渐变效果。

“菱形渐变”按钮：可以产生以鼠标光标起点为中心，以鼠标拖曳的距离为半径的菱形渐变效果。

② “反向”复选框：勾选此复选框，可以颠倒颜色渐变顺序。

③ “仿色”复选框：勾选此复选框，可以使渐变颜色间的过渡更加柔和。

④ “透明区域”复选框：勾选此复选框，“渐变编辑器”对话框中的“不透明度”才会生效，若不勾选则图片中的透明区域显示为前景色。

⑤ “渐变样式”列表框：单击该列表框的黑色箭头按钮，可打开如图 6 - 21 所示的“渐变拾色器”对话框，显示的是渐变效果的缩略图，在其中单击所需的渐变选项即可将渐变选中。选择不同的前景色和背景色后，渐变拾色器对话框中显示的渐变颜色种类会稍有不同。

图 6 - 21

单击渐变颜色部分可打开如图 6 - 22 所示的“渐变编辑器”对话框。使用此对话框可以编辑渐变颜色，设计新的渐变样式。

各选项作用如下：

① “预设”：显示的是渐变效果缩略图，用鼠标左键单击即可将渐变选项选中，同时下方也将显示出该渐变的参数设置。如果“预设”栏中的几种渐变类型不能满足需求，还可以单击

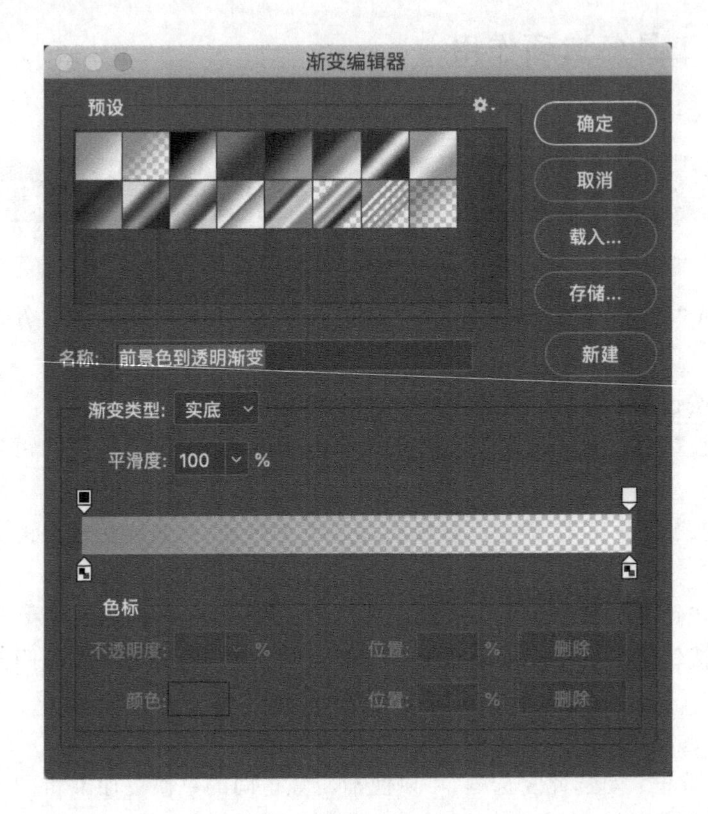

图 6－22

右上方的按钮，从弹出的对话框中加载渐变选项。

新建渐变...
重命名渐变...
删除渐变

图 6－23

在“预设”区内的任一渐变缩略图上单击鼠标右键，将弹出如图 6－23 所示的快捷菜单，利用这个快捷菜单可以快速方便地执行一些操作。

各选项的含义如下：“新建渐变”即单击该选项可以将当前渐变色保存到这个渐变色组中；“重命名渐变”即单击该选项可以为当前的渐变类型重新命名；“删除渐变”即单击该选项可以快速地将当前的渐变类型删除。

② “名称”：此项可以显示当前所选渐变类型的名称。

③ “渐变类型”：此选项中包括“实底”和“杂色”两个子选项。选择不同的选项，其参数设置和表现效果也不一样。下面分别对这两个子选项进行介绍：

选择“实底”选项，可以对均匀渐变的过渡色进行设置，其渐变控制条及参数如图 6－24 所示。

对图 6－24 中各项说明如下：

“平滑度”用来调节渐变的光滑程度。

渐变控制条上方的色标控制渐变的不透明度，白色代表完全透明，黑色代表完全不透明。单击某个色标，则该色标为选中色标。色标被选中后，便可以编辑该色标。在两个色标之间单击可以添加色标，同时“不透明度”带滑块的文本框、“位置”文本框、“删除”按钮变为有效。“不透明度”选项可设置该色标的不透明度；“位置”选项可改变色标的位置，这与用鼠标拖拽的作

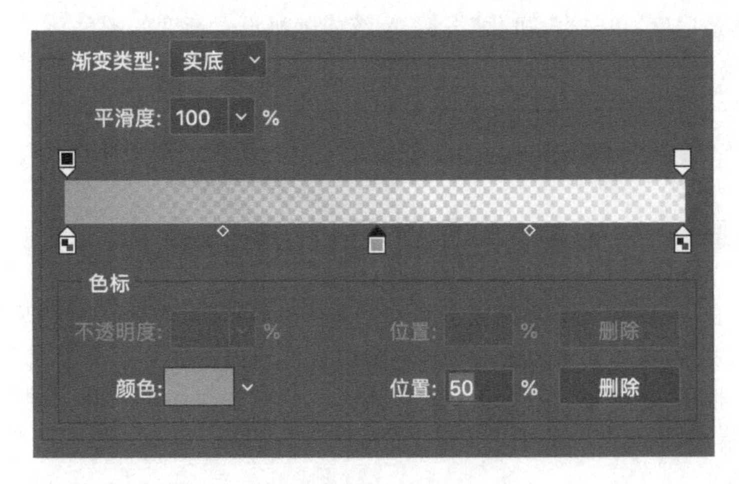

图 6－24

用一样；单击选中色标，再单击“删除”按钮，即可删除选中的色标。

渐变控制条下方的色标可以编辑渐变颜色。单击某一个色标，则该色标为选中色标。如果双击色标，将会调出“拾色器”对话框，利用该对话框来确定色标的颜色。在两个色标之间单击可以添加一个色标，同时“颜色”下拉列表框、“位置”文本框、“删除”按钮变为有效。

“颜色”选项：单击颜色块，便可弹出“拾色器”对话框，改变当前选定色标的颜色。

“位置”选项：改变色标的位置，这与用鼠标拖曳的作用一样。单击选中色标，再单击“删除”按钮，即可删除选中的色标。

选择“杂色”选项时，可以建立杂色渐变。杂色渐变包含了在指定的颜色范围内随机分布的颜色。其渐变控制条及参数如图 6－25 所示。

图 6－25

对图 6－25 中各项说明如下：

“粗糙度”：可以控制颜色的粗糙程度，数值越大，粗糙程度越明显。

“颜色模型”：可以提供 RGB、HSB 和 LAB 3 种不同的颜色模型以帮助色彩设定。拖动滑块可以调整渐变的颜色。

“选项”区域：勾选“限制颜色”复选框可以降低颜色的饱和度，勾选“增加透明度”复选框可以增加颜色的透明度，单击“随机化”按钮，系统将随机设置渐变的颜色。

④ “载入”按钮：单击此按钮可以向对话框中加载其他的渐变颜色。

⑤ “存储”按钮：单击此按钮可以把对话框中的所有渐变颜色保存起来。

⑥ “新建”按钮：单击此按钮可以将当前编辑的渐变颜色添加到预置窗口的最后面。

6.4 实例练习(铅笔工具)

利用选区工具(快捷键 M)，在画布中画一个笔杆长条矩形，如图 6-26 所示。

选择渐变工具(快捷键 G)，编辑渐变颜色为绿色的明暗渐变。这个渐变色将要填充进铅笔的笔杆部分。根据铅笔的实际情况，反光和侧面的颜色是深浅不一的。这里选择的是绿色的，并且有四个滑块，把色条分成了三部分，如图 6-27 所示。

图 6-26

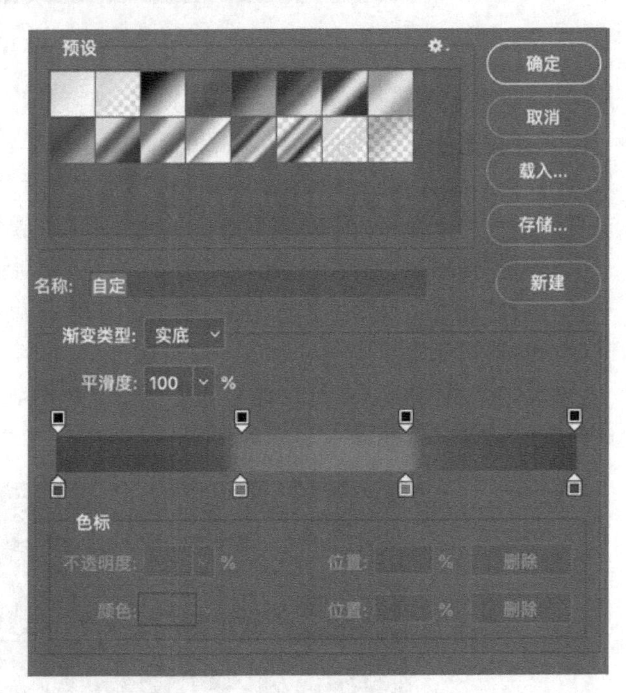

图 6-27

编辑好渐变色之后，单击“确定”按钮即可到画布中，给之前做的矩形选区填充颜色，如图 6-28 所示。

渐变工具的起点在笔杆的左侧，终点在笔杆的右侧。渐变的模式一定要是“线性渐变”，一般默认的就是 。还有一定要单击 Shift 键保证滑动是水平的，否则就会出现如图 6-29 所示的情况。

取矩形的下边做笔尖：

① 首先新建一个图层，然后在笔尖的位置，用矩形工具需选区一个矩形框，宽度要跟笔杆一致。要根据笔杆的粗细来确定笔尖的大小，如图 6-30 所示。

② 单击前景色，弹出“拾色器”，选择接近木头的颜色，然后单击“确定”按钮开始填充(或使用快捷组合键 Alt+Delete)。

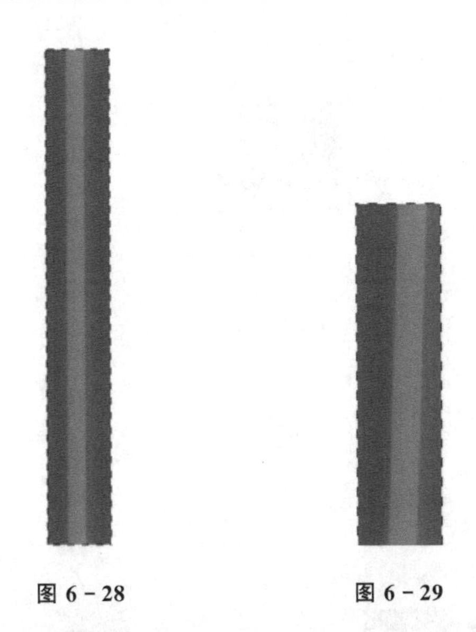

图 6 - 28　　　　图 6 - 29

图 6 - 30

③ 在笔尖的选区内，单击鼠标右键，选择“自由变换”，或者直接按 Ctrl+T 快捷键。然后继续单击鼠标右键，选择“透视”命令，把笔尖“削”出来，如图 6 - 31 所示。

④ 按 Enter 键，确定变换。现在变成了选区状态，不要取消选区，再做一个黑色的铅笔头部分。选择选区工具，并单击“与选区交叉”命令，然后填充黑色。

⑤ 再做一个简单的被削过的效果，这里用的是圆形的选区工具，如图 6 - 32 所示。

⑥ 适当放大画布，并且用圆形的矩形工具，在笔杆尾部画一个椭圆形。填充跟笔尖相同或者相近的颜色，如图 6 - 33 所示。

⑦ 在笔杆尾部的中心，画一个小椭圆，填充黑色表示铅笔芯，如图 6 - 34 所示。

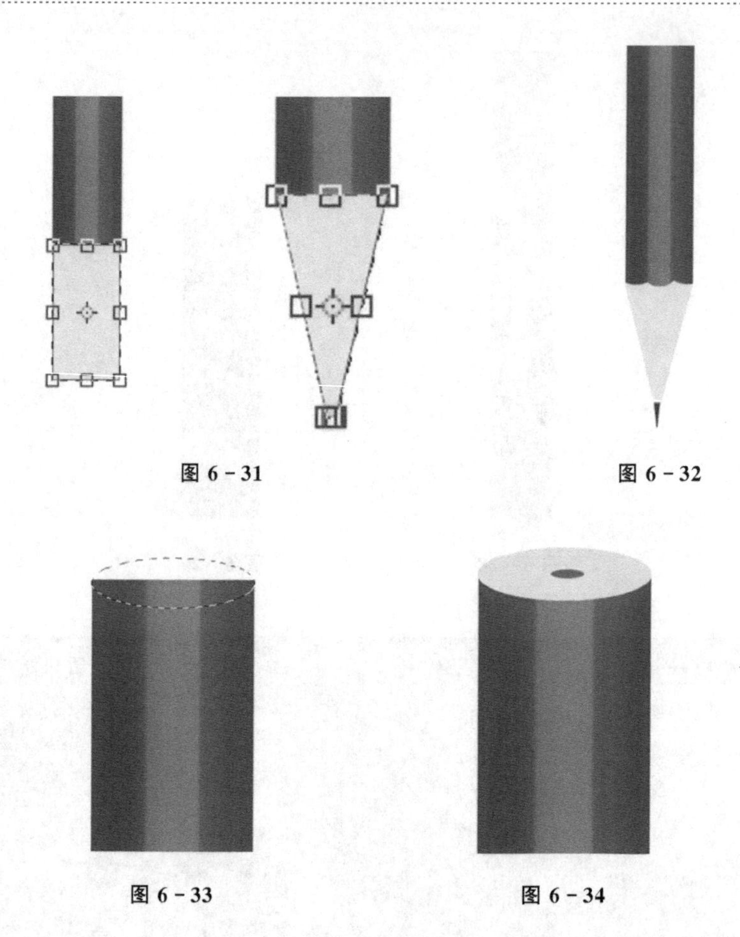

图 6 - 31　　图 6 - 32

图 6 - 33　　图 6 - 34

⑧ 最后给背景层解锁，选择渐变工具中的“角度渐变”并填充杂色，如图 6 - 35 所示。

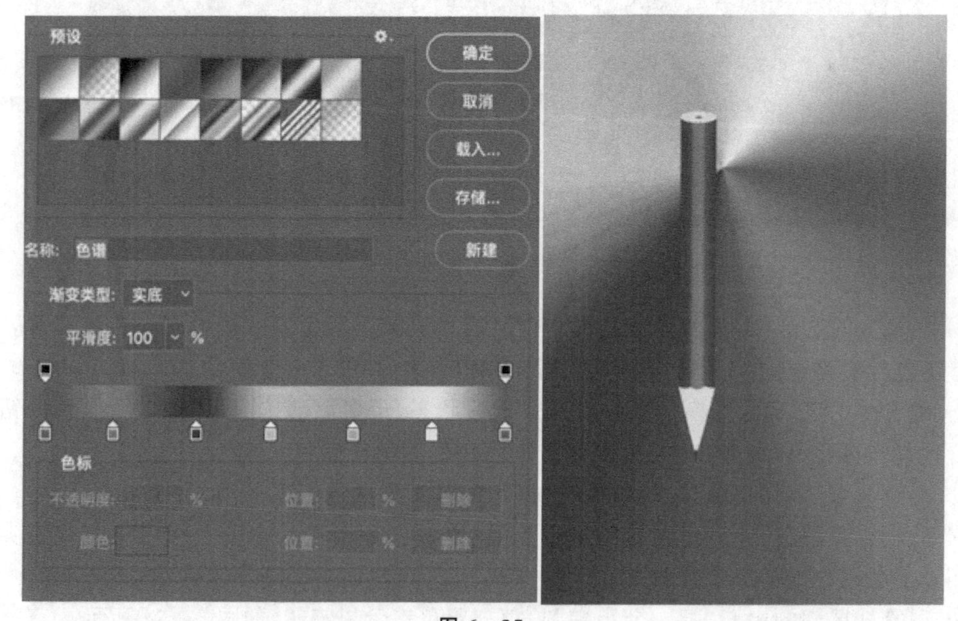

图 6 - 35

第 7 章　绘图及图像处理工具

Photoshop 作为一款处理像素构成的数字图像的软件，它的绘图以及图像处理能力都非常强大，常用工具包括画笔、橡皮、仿制图章、修复、模糊、减淡等。这些命令都在工具栏中可以找到，下面我们来逐一学习。

7.1　画笔工具组(快捷键 B)

对于数码绘画来说，画笔是最重要的工具。就如同传统绘画一样，我们要找到合适的画笔工具才能画出想要的效果。而且，画笔工具的功能比现实中的更丰富，比如可以选择不同大小、笔尖、质感、色彩等。

Photoshop 画笔也可称为 Photoshop 笔刷，是预先定义好的一组图形。画笔的文件格式是.Abr，用户看到任何图像都可以定义为画笔。Photoshop 只存储图像的轮廓，用户可以使用任意颜色对图像进行填充。提供画笔的目的是方便用户快速地创作复杂的作品，一些常用的设计元素都可以预先定义为画笔，提高创作的效率。

画笔工作组是一个综合画笔应用工具组，由画笔工具、铅笔工具、颜色替换工具、混合画笔工具四种组成，如图 7－1 所示。

图 7－1

画笔参数面板可通过“窗口”→“画笔设置”命令打开，也可使用快捷键 F5 打开。

1. 画笔工具

从图标的造型可以看，画笔工具类似于毛笔。画笔工具能绘制边缘柔和的笔触。如果需要对画笔进行详细调整，则可通过工具属性栏调整画笔的大小、硬度参数以及不同笔触画板的选择面板。用鼠标左键单击方形边框内按钮即可调节，如图 7－2 所示。

图 7－2

注意：Photoshop 新版软件添加了许多人性化的设置，方便用户操作。例如，图 7－2 中方框区域是“描边平滑”操作按钮，可对画笔描边执行智能平滑。当使用以下工具之一时，只需在选项栏中输入平滑的值(0～100)：画笔、铅笔、混合器画笔或橡皮擦。值为 0 等同于 Photoshop 早期版本中的旧版平滑。应用的值越高，描边的智能平滑量就越大。描边平滑在多种模式下均可使用，包含以下几种：

拉绳模式：仅在绳线拉紧时绘画。

描边补齐：暂停描边时，允许绘画继续使用鼠标操作补齐描边。禁用此模式可在鼠标操作停止时马上暂停绘画应用程序。

补齐描边末端：完成从上一绘画位置到松开鼠标按键/触笔控件所在点的描边。

缩放调整：通过调整平滑，防止抖动描边。在放大文档时减小平滑量；在缩小文档时增大平滑量。

想要详细地对画笔进行调整，可在图 7－3 所示“画笔”或“画笔设置”面板（单击图 7－2 中方框内按钮或使用快捷键 F5 即可打开）中对现有的画笔进行修改并重新设计自定义画笔。找到“画笔笔尖形状”可以对画笔的形状动态、散布、纹理、双重画笔、颜色动态、传递、画笔笔势等进行个性化的调整。

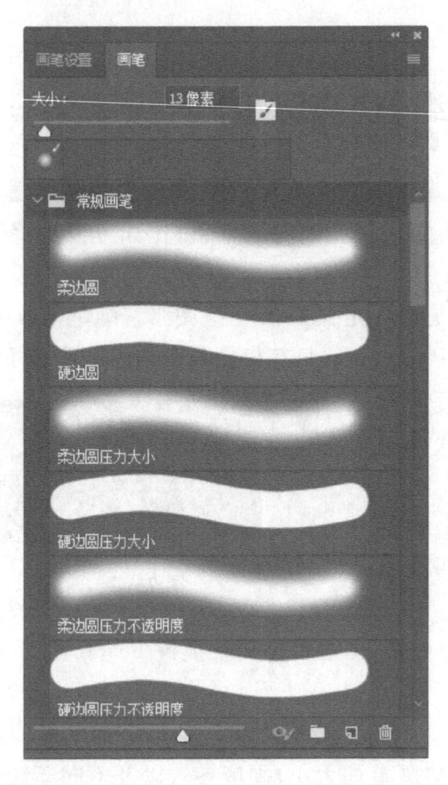

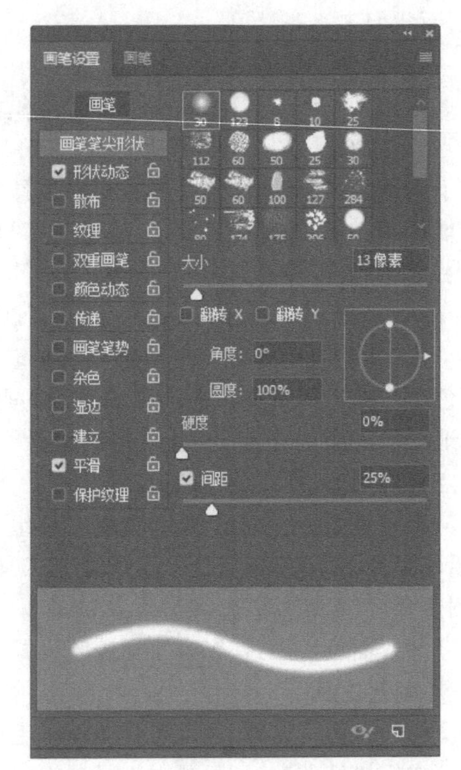

图 7－3

若要锁定画笔笔尖形状属性，可单击解锁图标进行锁定。要存储画笔设置以供以后使用，相应的操作为在“画笔”面板中单击右上角按钮，在随后弹出的菜单中选择“新建画笔预设”命令，如图 7－4 所示。

Photoshop 系统的画笔自带许多种效果。在“画笔”面板除了可以调整画笔的大小，还可以选择不同风格的画笔，总共分为四部分：常规画笔、干介质画笔、湿介质画笔、特殊效果画笔。除了这些画笔组，用户也可以在“画笔”面板右上角按钮的菜单中来进行更丰富的画笔操作，如新建画笔预设、新建画笔组、导入画笔等，如图 7－4 所示。

技能点拨：画笔（笔刷）安装方法为选择“编辑”→“预设管理器”→“载入”菜单命令，然后选择已下载在硬盘里面的画笔（笔刷）。

画笔所使用的颜色是当前所选的前景色的颜色。Photoshop 中画笔的笔尖形态非常丰富，可以进行任意选择并设置，也可以添加画笔和自定义画笔等操作。画笔设置好后，配合数位板（手绘板，见图 7－5）使用就可以像平时画画一样，在电脑中任意地绘画了，目前在动漫创作、游戏制作、建筑表现等领域已广泛使用。数位板和鼠标、键盘一样都属于数字输入设备，但最大的不同在于它可以感知笔触的轻重也就是压感，这是鼠标操作不能实现的。数位板配合 Photoshop 画笔的使用可以最大程度地模仿传统手绘的效果，如图 7－6 所示。

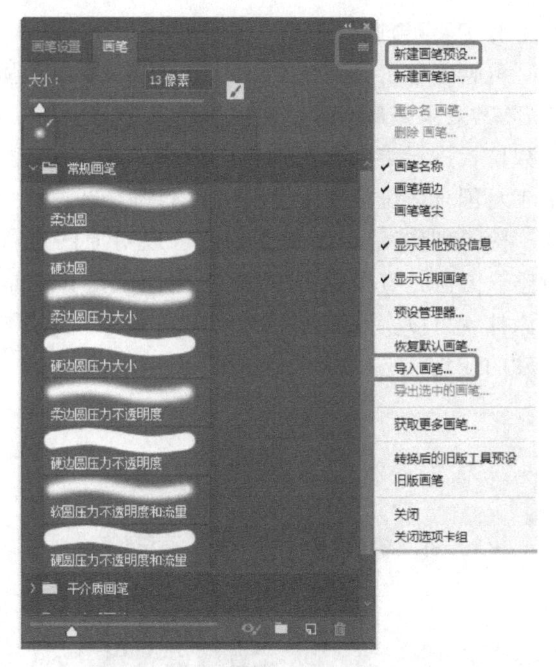

图 7－4

2. 铅笔工具

铅笔工具类似我们日常使用的铅笔笔触效果，在 Photoshop 中选择不同的前景色，画出的铅笔线条也是相应的前景色。值得注意的是，铅笔工具只是诸多画笔工具中的一种，同画笔工具一样，也可以在“工具”属性栏中选择其他画笔（部分效果如图 7－7 所示）。

3. 颜色替换工具

颜色替换工具可以对图像进行颜色的替换，它的工作原理是使用当前选择的前景色替换图像中指定的像素的颜色。因此，首先需要选择好前景色，然后再在图像中需要更改颜色的区域涂抹，就可以将其替换为前景色。例如选择前景色为橙色，用颜色替换工具对进行涂抹后的效果见图 7－8。不同的绘画模式会产生不同的替换效果，常用的模式为“颜色”，可以在工具的属性栏中进行设置。

图 7－5

图 7－6

图 7－7

图 7－8

4. 混合画笔工具

混合画笔工具是在 Photoshop CS5 及以上版本中新增加的内容，其效果是最大程度地模仿现实中的多种绘画画笔效果，配合数位板进行绘制会更加得心应手。图 7－9 就是使用混合画笔工具配合数位板使用绘制出的笔刷效果。

图 7－9

除了创作，混合画笔工具还可以对原图进行艺术画笔效果调整。方法是直接打开原图，在底图上选择合适的混合画笔进行涂抹就可以实现相应的艺术笔触效果，例如图 7－10 中女性头发的变化。

VS

图 7－10

7.2 历史记录画笔工具组

历史纪录画笔工具组包含历史记录画笔和历史记录艺术画笔(见图 7－11)。二者都属于恢复操作步骤的工具，都需配合“历史记录”面板(见图 7－12)来使用。但与历史记录面板操作不同的是，历史记录画笔工具的使用方法更方便、更自由，而且可以使用画笔笔尖的造型来还原操作，如图 7－11 所示。

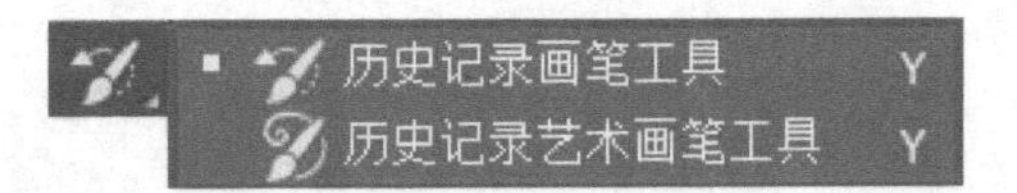

图 7－11

历史记录艺术画笔工具：使用指定历史记录状态中的源数据，以风格化描边进行绘画。可以使用不同的绘画样式、大小和容差选择，也可以不同的色彩和艺术风格模拟绘画的纹理。可以用历史记录艺术画笔工具，将花朵变成手绘风格，如图 7－13 所示。

技能点拨：历史记录面板可以通过选择“窗口”→“历史记录”菜单命令打开。

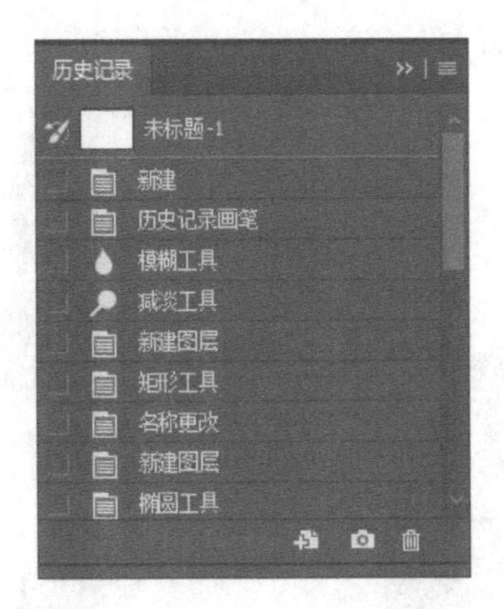

图 7－12

VS

图 7－13

7.3　橡皮擦工具组(快捷键 E)

橡皮擦工具组就像我们平时使用的橡皮一样，用于擦除画面中不需要的部分。针对 Photoshop 的属性，Photoshop 中的橡皮擦工具组包含橡皮擦工具、背景橡皮擦工具和魔术橡皮擦工具，如图 7－14 所示。

1. 橡皮擦工具

橡皮擦工具是用来擦除画面中的像素的，擦除后的区域将变成透明区域(如果在锁定的背景图层上使用橡皮擦工具，则擦除后的区域将被背景色所填充，如图 7－15 中当前背景色为白色)。使用方法非常简单，只需按住鼠标左键拖动就可以了。通过"工具"属性栏或右键快捷菜单命令，可以对橡皮擦的笔尖形态进行设置。

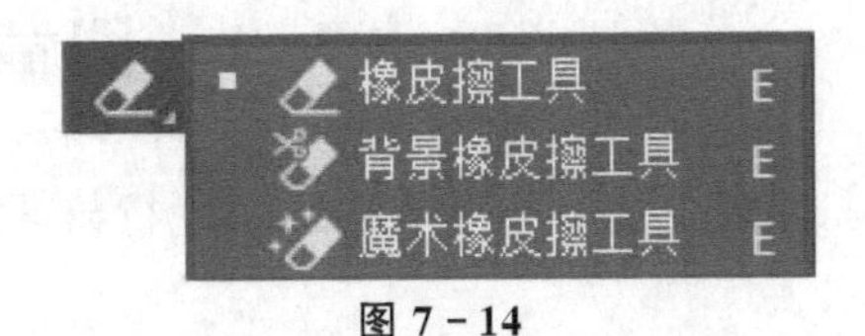

图 7－14

2. 背景橡皮擦工具

背景橡皮擦工具与橡皮擦工具基本相同，但可以在锁定的背景图层上直接使用，擦除后的区域将会是透明的，如图 7 - 16 所示。

图 7 - 15

图 7 - 16

3. 魔术橡皮擦工具

魔术橡皮擦工具是魔棒工具和橡皮擦工具的结合体。它能一次性擦除画面中连续的颜色相近的区域。因为兼有魔棒工具的功能，所以可以在“工具”属性栏中设置合适的“容差值”，其效果如图 7 - 17 所示。

图 7 - 17

7.4 图章工具组(快捷键 S)

图章工具组是用来对画面进行修复的，包含仿制图章工具和图案图章工具，如图 7 - 18 所示。

1. 仿制图章工具

仿制图章工具的功能与修复画笔工具的功能类似。修复画笔工具的整合性好，仿制图章工具则是可以将图像中某个区域的像素原样搬到另外一个区域，

图 7 - 18

使两个地方的内容相同。使用方法是按住 Alt 键在图像某一处单击鼠标左键选区仿制源，然后在要进行复制的地方拖动进行绘制即可。效果对比如图 7－19 所示。

VS

图 7－19

2. 图案图章工具

图案图章工具可以选择图案样式，对画面或选区内进行图案填充。选择图案图章工具，可在工具的属性栏进行相关画笔笔尖、混合的模式、不透明度、流量、图案样式等设置。设置好后就可对画面进行图案填充了。效果对比如图 7－20 所示。

VS

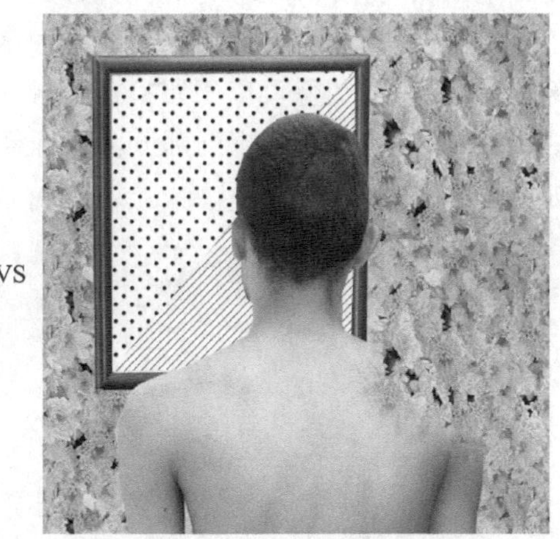

图 7－20

7.5　修复画笔工具组(快捷键 J)

修复画笔工具组同仿制图章工具组一样也是用来修复画面的。可以在不改变原有图像的颜色、形态等因素下，清除掉图像上不想要的部分。该工具组由污点修复画笔工具、修复画笔工具、修补工具、内容感知工具和红眼工具组成，如图 7－21 所示。

1. 污点修复画笔工具

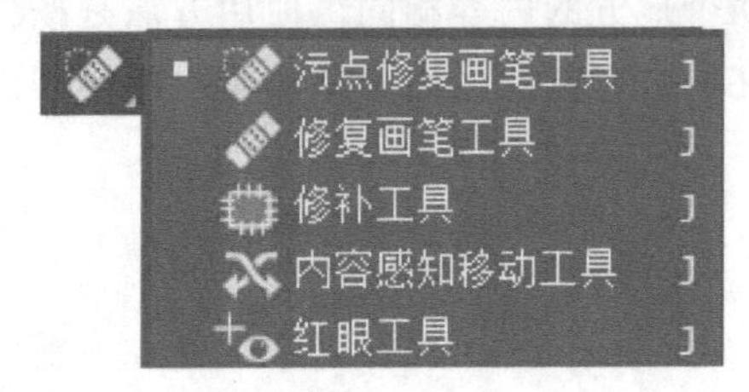

图 7-21

污点修复画笔工具能够非常迅速地移动图像中的污点和其他不想要的部分。既然称之为污点修复，意思就是适合于消除画面中的细小部分，因此不适合在较大面积中使用。它使用图像中已有的样本像素进行覆盖，可以将样本像素的纹理、光照、透明度和阴影等元素覆盖所需修复的区域。使用方法简单，只需要选择该工具，在有污点的地方用鼠标单击即可。效果对比如图 7-22 所示。

VS

图 7-22

2. 修复画笔工具

修复画笔工具可用来修复图像上的瑕疵，主要用来清除图像中的杂质、褶皱、刮痕等。修复画笔工具首先要进行取样，然后利用取样像素的纹理、光照、透明度和阴影等信息来修复有瑕疵的部分，修复后的图像可以不留痕迹地融入图像的其余部分。使用方法和仿制图章工具相同，先按住 Alt 键在图像理想的部分获取源样，然后再到有瑕疵的地方用鼠标左键单击。效果对比如图 7-23 所示。

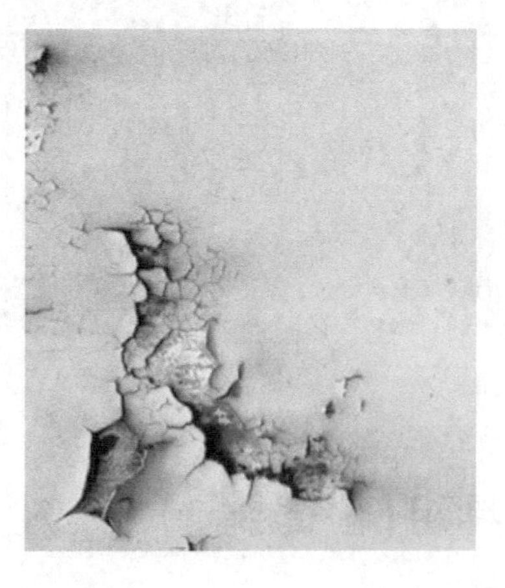

VS

图 7-23

3. 修补工具

修补工具实现的效果与修复画笔相似，使用的方式不同。先在工具的属性栏中选择“源”，再圈取需要修补的部分,将鼠标指针移至圈取的区域内,然后按住鼠标左键拖动到图像中理想的部分,图像会主动用理想的部分覆盖有瑕疵的部分。效果对比如图 7-24 所示。

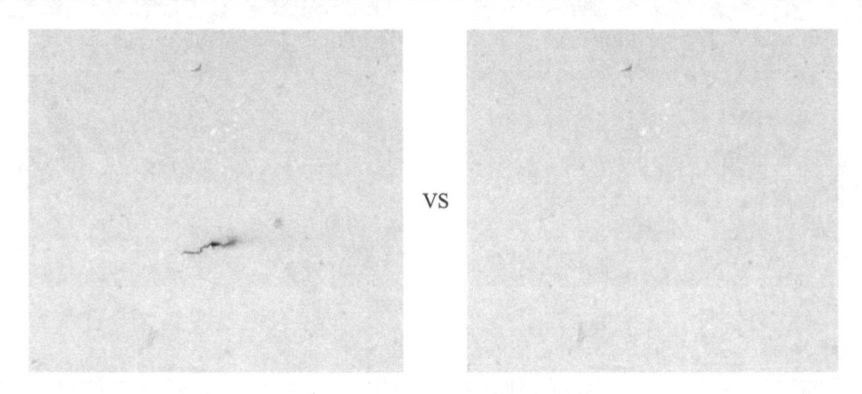

图 7-24

4. 内容感知移动工具

内容感知移动工具可以快速、简单选择场景中的某个物体进行挪动,其挪动是根据软件本身的运算处理,完成极其真实的合成效果。内容感知移动工具可以实现将图片中多余部分的物体去除,同时会自动计算和修复移除部分,从而实现更加完美的图片合成效果。它可以将物体移动至图像其他区域,并且重新混合组色,以便产生新的位置视觉效果。

运用本工具可以对主体进行消失、挪动、复制等操作,下面来一一进行详解。

以图 7-24 中左侧图片为例,选择内容感知工具,然后利用鼠标操作选中主体人物,执行“编辑”—“填充”—“内容填充”命令,可以看到图 7-25 右侧图片中原主体人物被成功去除,且被移除部分得到了完美的修复,与背景融合在一起。

VS

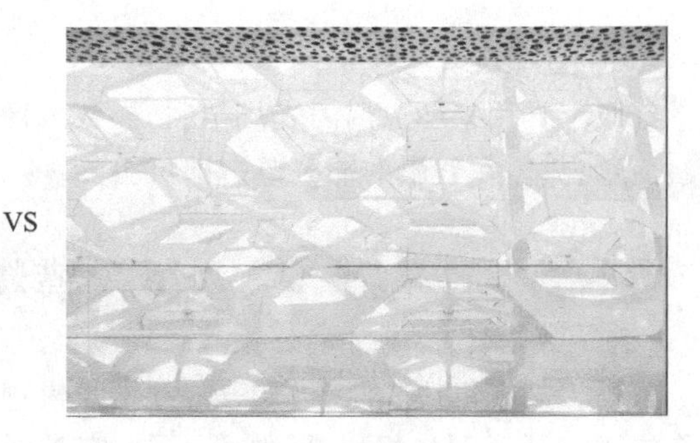

图 7-25

在“内容感知移动工具”选项栏的“模式”中有移动和扩展两种方式,如图 7-26 所示。

图 7-26

在“属性”面板中选择“移动”效果,利用鼠标操作框选主体人物,然后按住鼠标左键将其拖动到理想位置即可实现局域的自由移动。另外,勾选“投影时变换”,背景与主体人物融合在一起，且光影有所改变，如图 7－27 所示。

图 7－27

在“属性”面板中选择“扩展”效果，利用鼠标操作框选主体人物，然后按住鼠标左键将其拖动到理想位置即可实现局域物体的复制与移动操作，如图 7－28 所示。

VS

图 7－28

5. 红眼工具

红眼工具用来解决用闪光灯拍照，导致成像后人或动物眼睛中间有红点红的问题。使用方法简单，只需在红眼的部分单击即可去除。

7.6 模糊工具组

模糊工具组包括 3 种模糊工具，分别是模糊工具、锐化工具和涂抹工具(见图 7－29)。其操作方法与画笔工具相似，但效果不同，它是通过调整图像锐化和模糊程度来修改图像的。

图 7－29

1. 模糊工具

模糊工具用来将图像突出的色彩和锐利的边缘进行柔化。其工作原理是降低像素之间的反差，从而使图像变得模糊。

模糊工具与画笔工具一样，可以通过工具属性栏(见图 7－30)来选择适合的画笔样式及大小，强度越大，模糊的效果就越明显。勾选对所有图层取样可以对所有图层起作用。

图 7－31 就是使用模糊工具进行修改的效果对比，左图为原图，右图为使用模糊工具对周围的花朵进行了模糊处理，拉长了景深。

图 7-30

VS

图 7-31

2. 锐化工具

锐化工具的作用正好与模糊工具相反,它是用来将图像相邻颜色的反差加大,使图像的边缘更加锐利。锐化工具的工具属性栏与模糊工具的相同,使用方法也与模糊工具一样。图 7-32 是将模糊处理后的图像,再通过锐化工具进行锐化处理的效果对比,右图花瓣的纹路更加清晰可见。

VS

图 7-32

3. 涂抹工具

涂抹工具能制造出用手指蘸着未干的颜料在画板上涂抹的效果。

观察涂抹工具工具属性栏,画笔样式、大小及强度同模糊工具和锐化工具。勾选"手指绘画"可以在涂抹时添加当前前景色,若不勾选则无前景色添加,如图 7-33 所示。

图 7-33

图 7-34 就是利用涂抹工具对原图进行修改处理的效果对比,注意观察右图花瓣纹理的

变化。

VS

图 7－34

7.7 减淡/加深工具组(快捷键 O)

减淡/加深工具组是对图像进行明亮度及纯度调整的工具,包括减淡工具、加深工具和海绵工具,如图 7－35 所示。

1. 减淡工具

减淡工具的作用主要是通过提高图像的明亮度,使图像变淡。

图 7－35

观察减淡工具属性栏(见图 7－36),其选项设置与 7.1 节中的“画笔工具组”类似(参见图 7－2)。“范围”选项指的是要进行调整的图像范围,包括以下三个选项:“阴影”相对应调整图像的阴影部分,“中间色调”相对应调整图像的中间色调范围,“高光”相对应调整图像高光亮光部分。勾选“保护色调”可以在减淡的同时保留色调的纯度。

图 7－36

图 7－37 即为利用减淡工具,将原图人物的脸部色调减淡、提高原图的明度所得到的效果对比。

2. 加深工具

加深工具的作用和减淡工具正好相反。它是通过改变图像的曝光度,使图像变暗。

加深工具的选项与减淡工具的相同,各参数不再介绍。

图 7－38 即为通过使用加深工具,将原图人物的脸部色调加深、降低原图的明度所得到的效果对比。

3. 海绵工具

海绵工具是用来改变图像的色彩纯度也就是饱和度的。

可以通过海绵工具属性栏的参数设置来调整效果。“模式”选项包含“去色”和“加色”两个

VS

图 7-37

图 7-38

选项。选择“去色”是用来降低图像色彩饱和度的，选择“加色”可以增加图像色彩饱和度。“流量”实际上就是降低或增加饱和度的值，数值越大，效果越明显，如图 7-39 所示。

图 7-39

图 7-40 就是通过海绵工具属性栏中的“去色”降低饱和度模式所进行的图像处理，降低了图像左边花朵的色彩饱和度；通过海绵工具属性栏中的“加色”降低饱和度模式进行图像处理，提高了图像右边花朵的色彩饱和度。

图 7-40

7.8 形状工具组(快捷键 U)

形状工具组是制作常用形状图形的工具组,包含矩形工具、圆角矩形工具、椭圆工具、多边形工具、直线工具五种常用工具,以及一组自定形状工具(见图 7-41)。自定形状工具包含多种自定义形状。

观察工具属性会发现,无论使用哪种形状工具,在工具属性栏中都会有三种形状创建选项按钮,分别是形状、路径和像素,如图 7-42 所示。

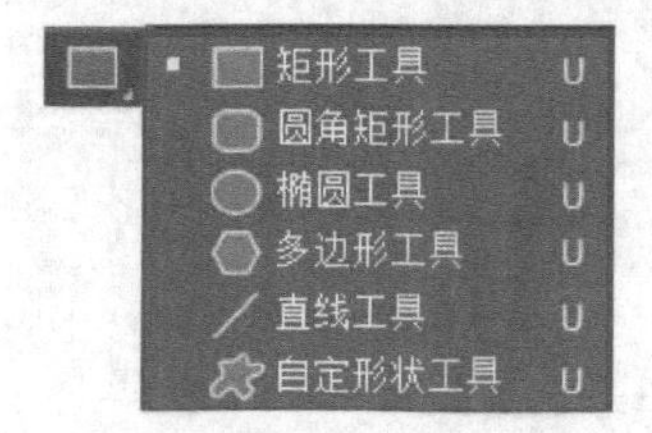

图 7-41

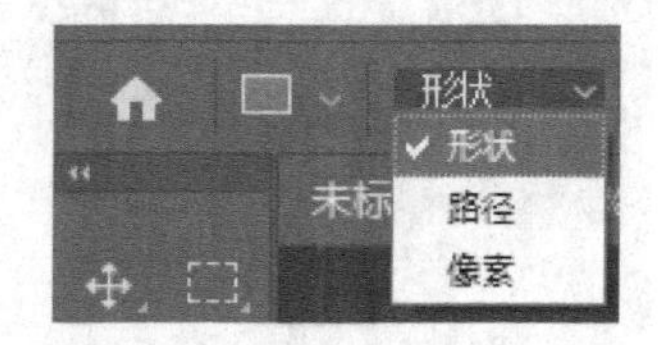

图 7-42

“形状图层”:单击按住鼠标左键拖动绘制图形后,会自动添加一个形状图层,将在“图层”面板中显示,如图 7-43 所示。每绘制一个图形对象就创建一个图层。绘制后的图形可以填充颜色或图案。

“路径”:单击此进入路径绘制状态。在这种状态下绘制的是路径,并不会创建新的图层。可以将路径转化为选区进行填充、描边等操作。

“像素”:单击进入填充区域状态。在图像中绘制的图形将以前景色填充,并不创建新图层,也不创建工作路径。绘制后的图像可用油漆桶工具填充颜色或图案。

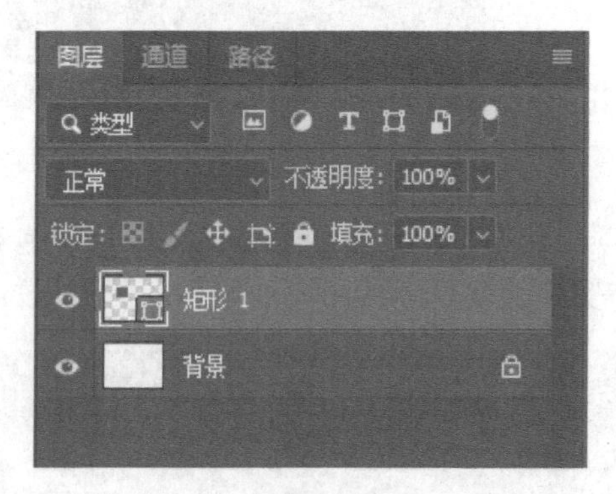

图 7-43

常用形状工具介绍如下:

1. 矩形工具

矩形工具的主要作用是绘制矩形或正方形图形。其基本使用方法非常简单,单击矩形工具，移动鼠标指针到窗口内，按住鼠标左键拖动即可绘制矩形。按住 Shift 键，按住鼠标左键在图像文件中拖动可绘制正方形。

2. 圆角矩形工具

圆角矩形工具的用法同矩形工具，不同之处就在于圆角矩形可以在属性栏设置圆角半径，半径值越大，圆角就越顺滑。

3. 椭圆工具

椭圆工具的作用是绘制椭圆形或正圆形，其用法同矩形工具。使用椭圆工具时，按住 Shift 键，可以绘制出正圆形；按住 Alt 键，将以中心点为起点绘制圆角矩形；同时按住 Shift 键和 Alt 键，将从中心绘制正圆。

4. 边形工具

多边形工具的主要作用是绘制正多边形或星形，其绘制方法同矩形工具一样。在工具属性栏中有一个“边”文本框，输入一个数值，多边形就会以相应的边数呈现，如图 7 - 44 所示。

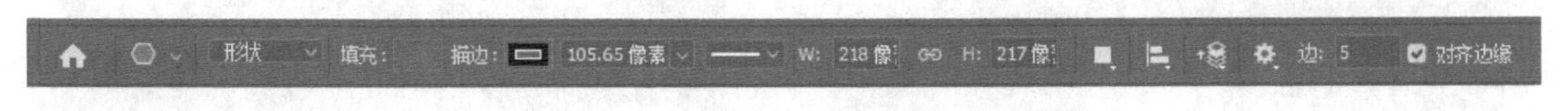

图 7 - 44

5. 直线工具

直线工具的主要作用是绘制直线形状或绘制带有箭头的直线形状，在直线工具属性栏中可以看到“粗细”文本框，输入一个数值，直线就会以相应的像素粗细呈现。直线的颜色为当前选择的前景色。

6. 自定义形状工具

自定义形状工具的主要作用是把一些定义好了的图形形状拿过来直接使用，使图形创建更加灵活快捷。观察自定义形状工具属性栏，在工具属性中有一个“形状”选项（见图 7 - 45），单击即弹出所有自定义形状选择面板，可根据需要选择合适的形状，如图 7 - 46 所示。

图 7 - 45

另外，还可以通过自定义形状工具属性栏中的自定形状选项，设置形状图形的比例大小等属性，如图 7 - 47 所示。

图 7 - 46

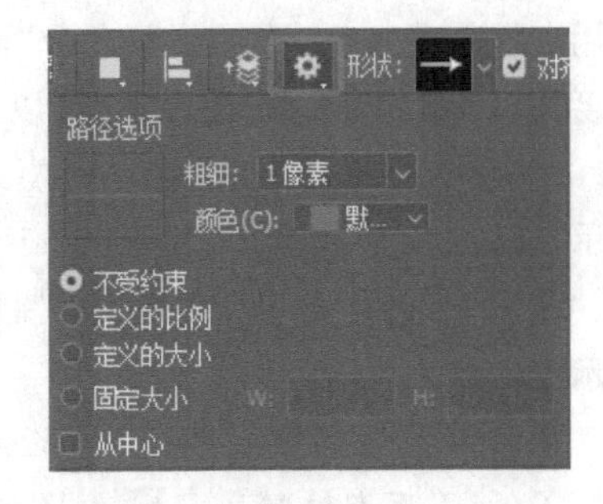

图 7 - 47

技能点拨：用户可以自行设计新的自定义形状样式，方法如下：

新建画布，使用各种自定义形状工具绘制一个图形。注意：要在一个形状图层中绘制图形。执行“编辑”→“定义自定义形状”命令，打开“形状名称”对话框，并在对话框中给形状命名。再单击“确定”按钮，即可将刚刚绘制的图像定义为新的自定义形状样式。在“自定义形状样式”面板中可以找到这个图形。

7.9 综合实例：修复有污渍的照片

修复有污渍的照片，也是 Photoshop 里面比较常见的操作。修复操作并不复杂，但是需要有足够的耐心和一定的素描绘画基础。首先来看一下原图和修复图对比，如图 7－48 所示。

VS

图 7－48

① 打开原图去色。去色有好几种方法，可以直接去色，也可以通过 lab 通道去色。这里使用 lab 通道去色，选择菜单命令“图像”→“模式”→“lab 颜色”，单击打开“通道”面板，只保留明度通道，删除其他的通道，就可以得到一张黑白照片，如图 7－49 所示。

② 选择菜单命令“图像”→“模式”→“RGB 颜色”后，复制黑白图层进行操作，如图 7－50 所示。

③ 开始进行修复，用修补工具修复脸上、背景和衣服上一些大的瑕疵，如图 7－51 所示。

初步修复后的效果如图 7－52 所示。

④ 利用污点修复工具对图中的斑驳白点进行修复，如图 7－53 所示。

⑤ 使用仿制图章进行精确修复，因为照片都存在光影效果，所以修复时必须注意图片中物体的明暗关系，如图 7－54 所示。

图层
类型
正常
不透明度: 100%
锁定:
填充: 100%
背景
通道
路径
Lab
Ctrl+2
明度
Ctrl+3
a
Ctrl+4
b
Ctrl+5

图 7－49

图层
类型
正常
不透明度: 100%
锁定:
填充: 100%
背景 拷贝
背景
通道
路径
RGB
Ctrl+2
红
Ctrl+3
绿
Ctrl+4
蓝
Ctrl+5

图 7－50

图 7－51

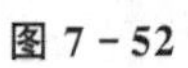

图 7－52

图 7－53

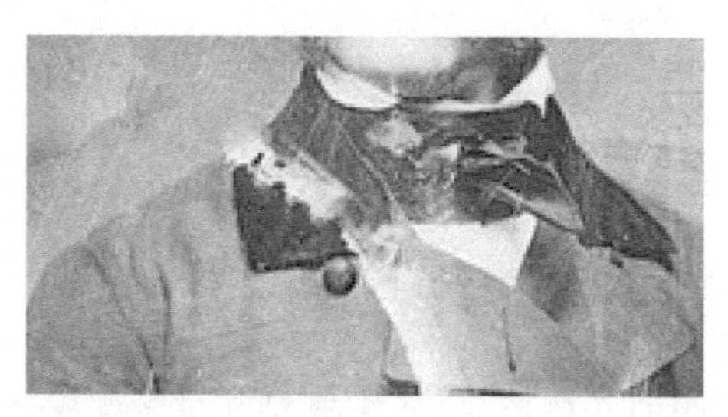

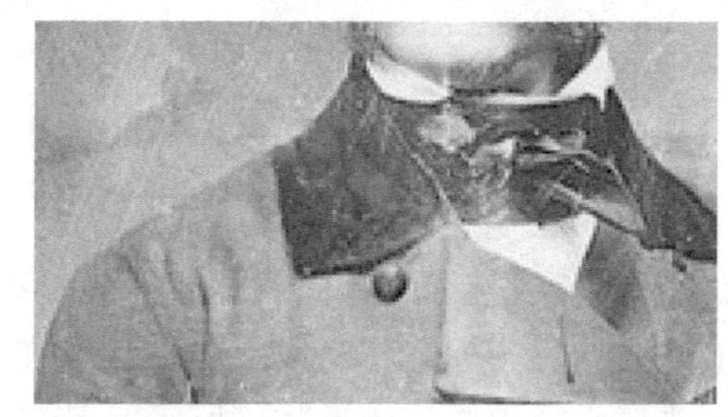

图 7 - 54

利用仿制图章工具修复后的效果如图 7 - 55 所示。

⑥ 利用涂抹工具和画笔工具，对图片进行绘画式的修补。这里需要一点素描绘画功底。

修补后的效果如图 7 - 56 所示。

图 7 - 55

图 7 - 56

第8章　路　径

路径是由点、直线或者曲线组成的矢量线条，缩小或放大路径不会影响其分辨率和平度。路径上的锚点用于标记路径线段的端点。在曲线中，每个选择的锚点显示一个或两个方向，移动锚点改变路径中曲线的形状。路径允许是不封闭的开放形状，如果把起点与终点重合绘制就可以得到封闭的路径。

利用路径工具，用户可绘制路径线条。由于这些路径线条非常容易调整，并可对其进行项充和描边，故可以完成些无法用基本绘图工具单独完成的工作。路径工具在需要手工绘制的图形中具有广泛的应用，是 Photoshop 必不可少的工具。

路径其实就是在 Photoshp 中建立的形状。回忆一下第 7 章讲到的形状工具组，在形状工具组中有矩形工具、圆角矩形工具、椭圆工具、多边形工具、直线工具、自定义形状工具，这些工具可以根据使用的需要创建形状图层、路径图层或填充像素三种模式。但是自然界的形状千差万别，Photoshop 中的形状工具组不可能包含所有形状。此时就要根据需要，通过路径来创建所需要的形状。

8.1　钢笔工具组

钢笔工具组（快捷键 P）就是用来创建路径、调整修改路径的，它包含钢笔工具、自由钢笔工具、添加锚点工具、删除锚点工具、转换点工具五种，如图 8－1 所示。

1. 钢笔工具

钢笔工具在钢笔工作组中是最常用的。只要熟练使用钢笔工具，就可以描绘出需要的各种路径。使用钢笔工具创建路径时，会发现路径由锚点和线段组成。线段可以是直线段也可以是曲线段，路径可以是封闭的也可以是非封闭的，如图 8－2 和图 8－3 所示。

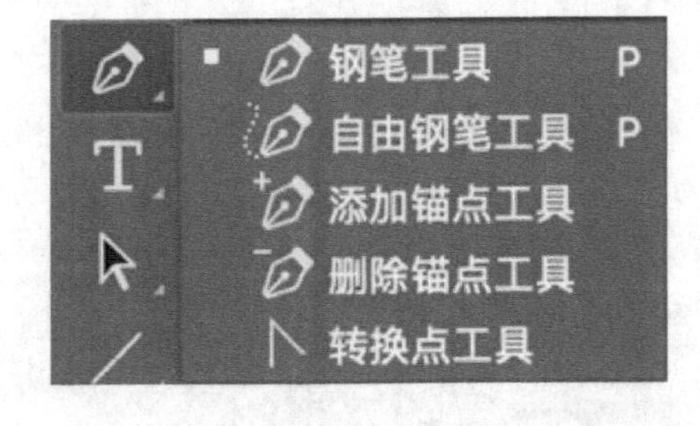

图 8－1

在使用钢笔工具确定起点后，当确定第二点时，单击鼠标左键即可建立两点间直线段；若要建立曲线段就需要在确定第一点时，按住鼠标左键不松开，并移动鼠标即可看到随鼠标移动面形成不同曲度的曲线段（见图 8－4）。如果曲线段的曲度合适，则按住 Alt 键单击锚点即可确定刚刚建立的曲线段（见图 8－5）。这时继续建立路径，不会对之前的路径产生影响。若没有按 Alt 键单击锚点确定曲线曲度，锚点就会有两个方向的方向线，继续建立曲线路径的话，路径会延续上一段曲线的方向。

2. 自由钢笔工具

自由钢笔工具的使用与画笔工具类似，按住鼠标左键并移动即可及时建立路径，并可建立相应的描点（见图 8－6）。路径可以是开放的，也可以是封闭的。

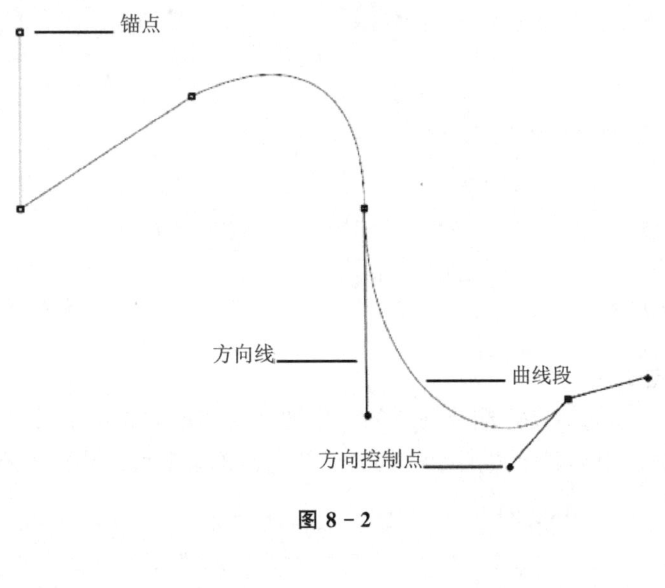

图 8-2

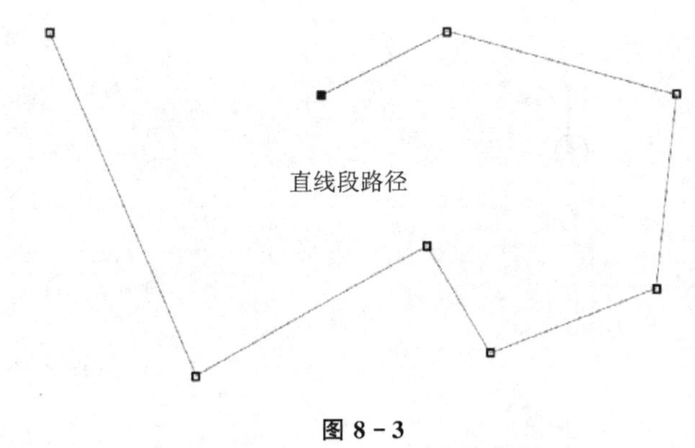

图 8-3

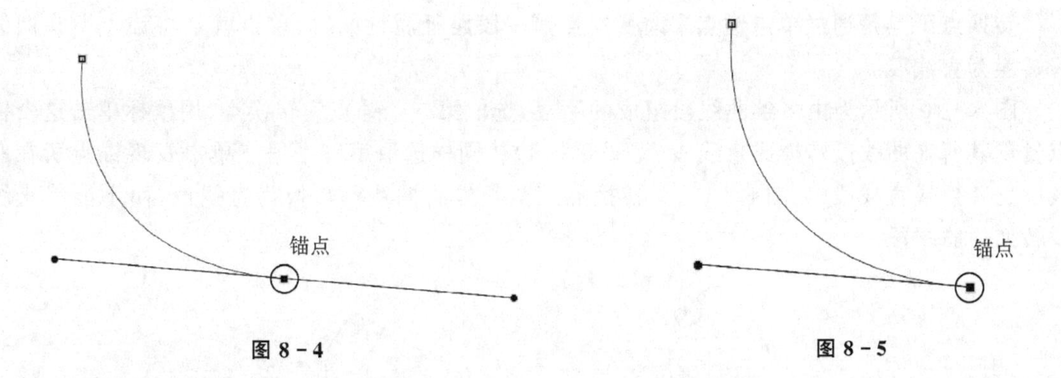

图 8-4　　图 8-5

3. 添加锚点工具

添加锚点工具是用来对路径添加锚点的。

其使用方法非常简单(见图 8-7),在一个已创建好的路径上,单击想要添加锚点的部位即可在路径上添加锚点,如图 8-8 所示。

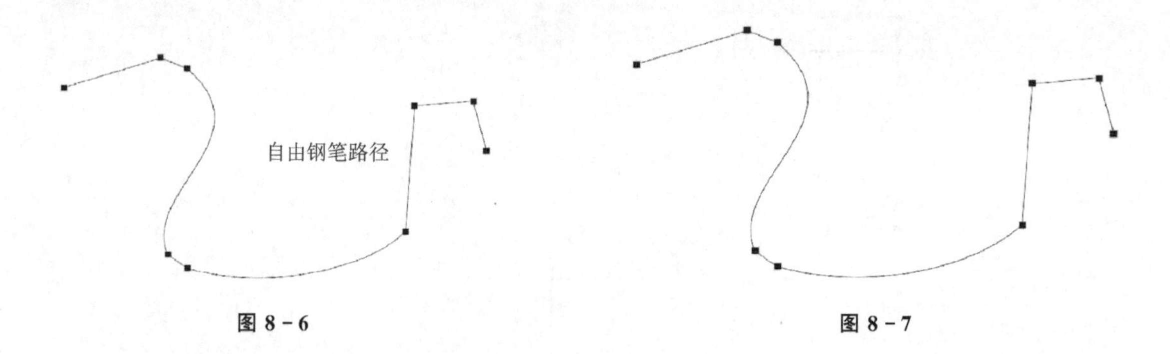

图 8-6　　　　图 8-7

4. 删除锚点工具

删除锚点工具是用来对路径删除锚点的。它的使用和添加锚点工具(见图 8-8)相反,是一个以创建好的路径,对路径上要删除锚点的部位进行单击即可在路径上删除掉相应的锚点,如图 8-9 所示。

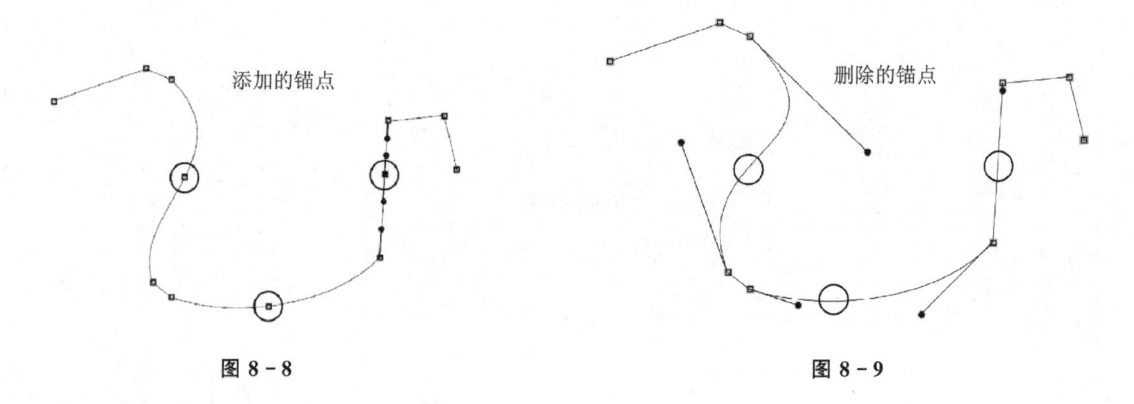

图 8-8　　　　图 8-9

5. 转换点工具

转换点工具是通过单击锚点来改变锚点前一段路径属性的,简单讲就是将锚点所在曲线段转换为直线段。

图 8-10 所示为由多条曲线段组成的路径,选取第二个锚点为转换点,用鼠标单击这个锚点发现其所在曲线段转换成直线段(见图 8-11)。同样选取第三个锚点单击发现锚点所在曲线段也转换成直线段(见图 8-12)。转换点工具只能将曲线段转换为直线段,而不能将直线段转换为曲线段。

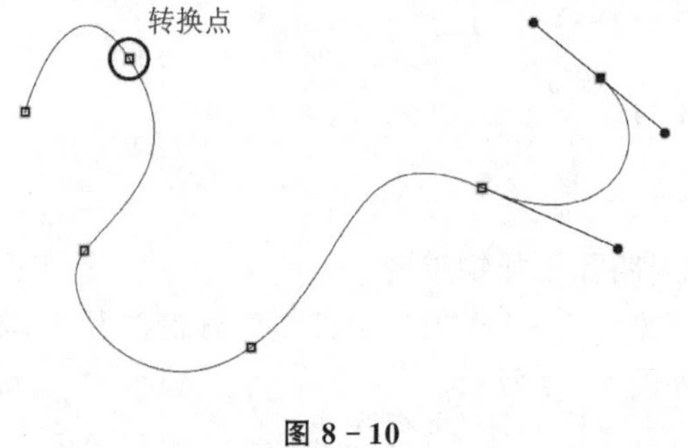

图 8-10

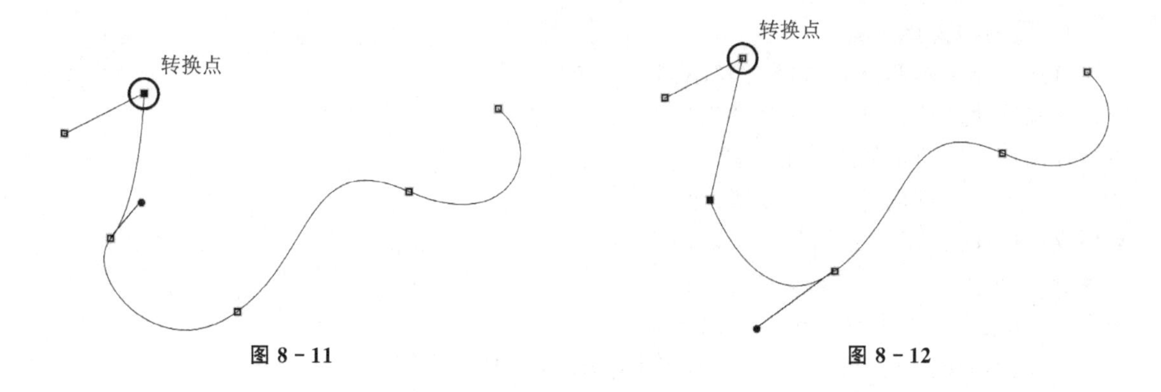

图 8-11　　图 8-12

8.2 路径选择工具组

路径选择工具组(快捷键 A)是对所创建的路径进行修改调整的,可以对路径进行选择移动,也可选择路径上的锚点,移动锚点的方向控制点来改变路径的形态。路径选择工具组包含路径选择工具和直接选择工具两种,如图 8-13 所示。

图 8-13

1. 路径选择工具

路径选择工具是用来移动路径的。图 8-14 所示为一个创建好的路径,即在文件画面中的位置居左,使用路径选择工具单击路径并移动,整个路径会随着一起移动,如图 8-15 所示。

图 8-14

图 8-15

2. 直接选择工具

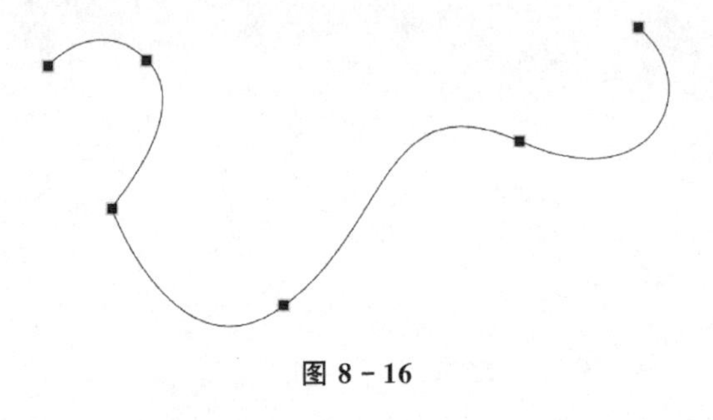
图 8 - 16

直接选择工具和路径选择工具不同，它是用来移动路径上锚点位置和移动锚点方向控制点来改变路径形态的。图 8 - 16 所示为一个创建好的路径，选取第二个锚点用直接选择工具单击发现锚点显示出方向控制点(见图 8 - 17)。继续单击并拖动锚点，锚点就会随之移动。单击方向控制点，所对应的曲线段也会随之发生形态变化，如图 8 - 18 所示。

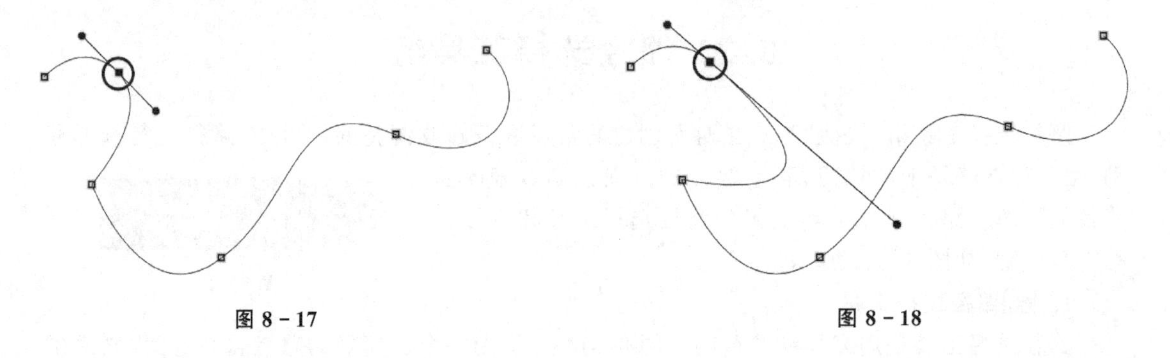
图 8 - 17　　图 8 - 18

8.3 路径的使用

学会了路径的创建，那么路径有哪些作用？又该如何使用呢？路径在 Photoshop 中的使用是非常常见的。掌握了路径的创建和使用，Photoshop 的操作能力就会有比较大的提升。其实，路径的使用基本就两种，一是进行描边，二是转换为选区。

8.3.1 路径描边

路径描边的作用就是用画笔工具沿着路径进行描边处理。首先创建一个路径(见图 8 - 19)。选择"路径"面板(见图 8 - 20)，将当前工具设置为画笔工具(选择合适的画笔及前景色)，然后单击"路径"面板最下面第二个按钮对路径描边(见图 8 - 20)，所选择的面笔及前景色就会沿所创建路径描边，如图 8 - 21 所示。

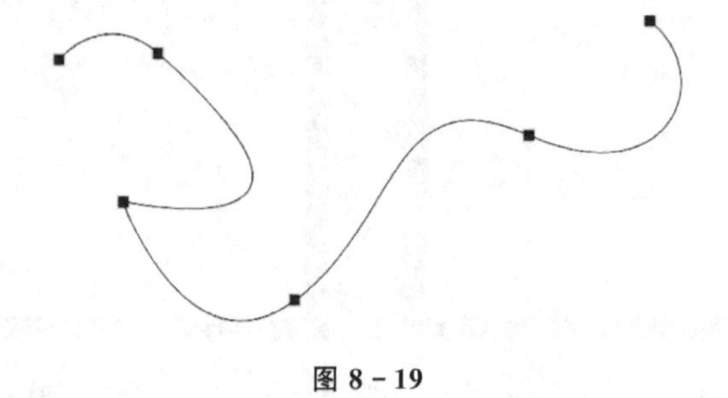
图 8 - 19

图 8-20

图 8-21

当然，进行路径描边的路径可以是非闭合路径，也可是闭合路径。

8.3.2 路径转化选区

将所创建的路径转化为选区后即可进行移动、剪切、复制、填充、渐变等多种形式的操作。路径转化为选区是 Photoshop 中最常用的操作之一。首先创建一个闭合路径(见图 8-22)，路径创建好后按 Enter+Ctrl 键，路径即可转化为选区(见图 8-23)，这时再对选区进行填充或渐变填充即可在路径区域内实现，如图 8-24 所示。

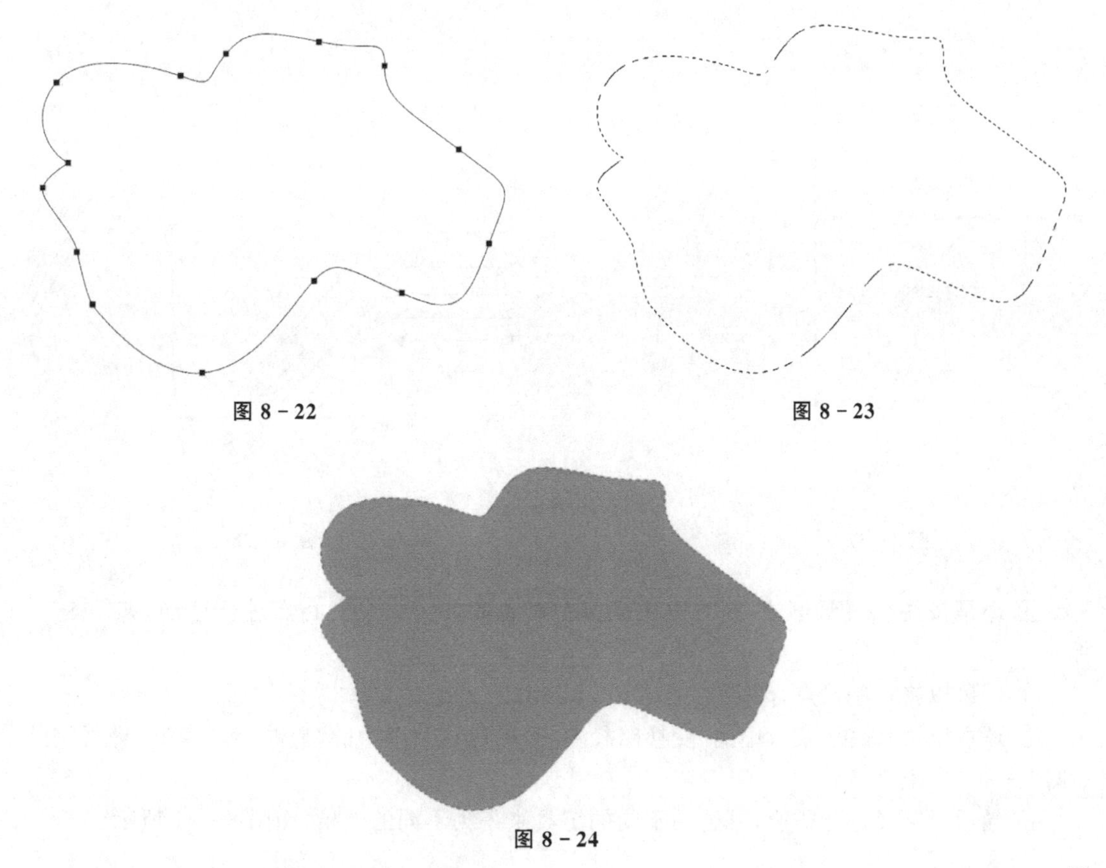

图 8-22

图 8-23

图 8-24

8.4 路径实例(绘制多彩曲线)

① 先用钢笔工具画出一条直线路径,如图 8 - 25 所示。

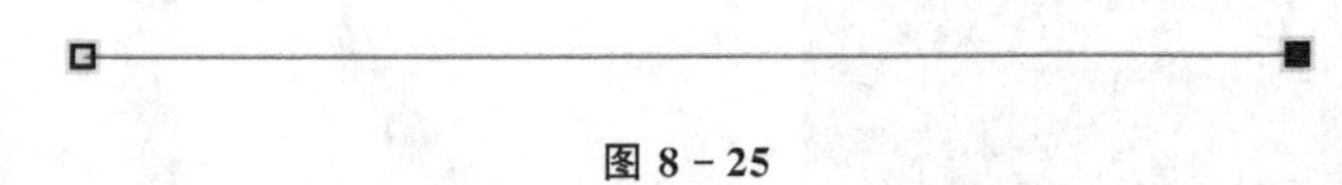

图 8 - 25

② 根据添加锚点,希望路径的最终效果有几个弯就加几个,直接用钢笔工具在先前画好的路径上单击就可以添加了。注意:单击后,不要放开左键,按住 Shift 键往左右拖拉来控制从锚点上出来的 2 个把手的长短,把手越长则制作出的圆弧也就越圆,如图 8 - 26 所示。

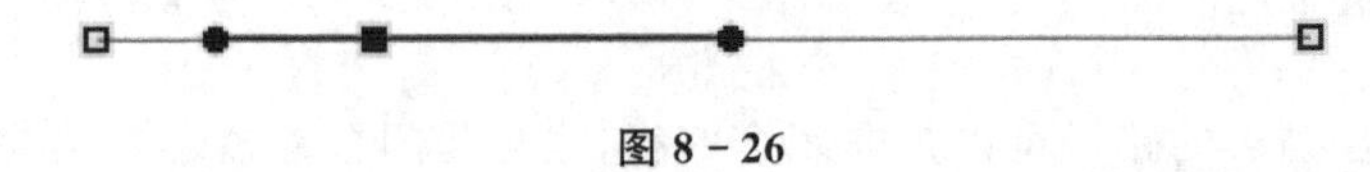

图 8 - 26

③ 同时按住 Ctrl 键和 Alt 键就可以复制路径了(在使用钢笔工具时,按住 Ctrl 键就可以转换成直接选择工具,按住 Alt 键可以转换成锚点转换工具)。按照需要复制出一定数量的路径,如图 8 - 27 所示。

④ 按住 Ctrl 键切换为直接选择工具,在路径外拉出虚线框以选取要进行变换的锚点,被选中的锚点变成实心点,如图 8 - 28 所示。

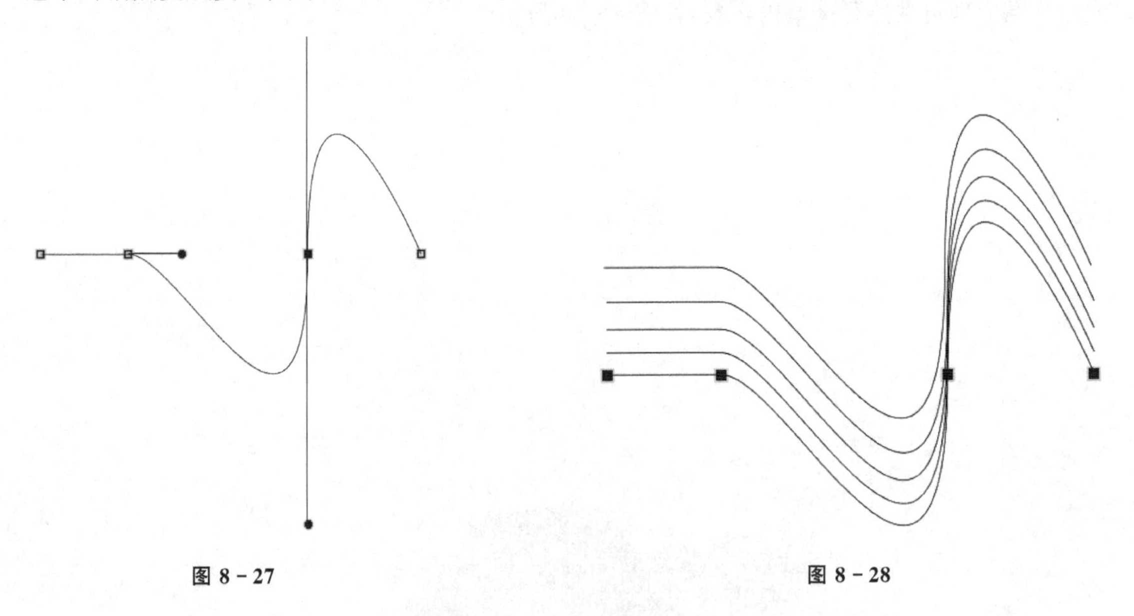

图 8 - 27　　图 8 - 28

⑤ 还是按住 Ctrl 键不放,同时按住鼠标左键选取任何一个实心点进行移动,如图 8 - 29 所示。

⑥ 还可以将一些锚点合并在一起。

⑦ 还可以用"编辑"菜单中的"变换路径"命令的级联菜单中的"扭曲"和"变形"进行调整,如图 8 - 30 所示。

⑧ 最后对路径进行描边,可选用不同的工具来得到不同的效果,如图 8 - 31 所示。

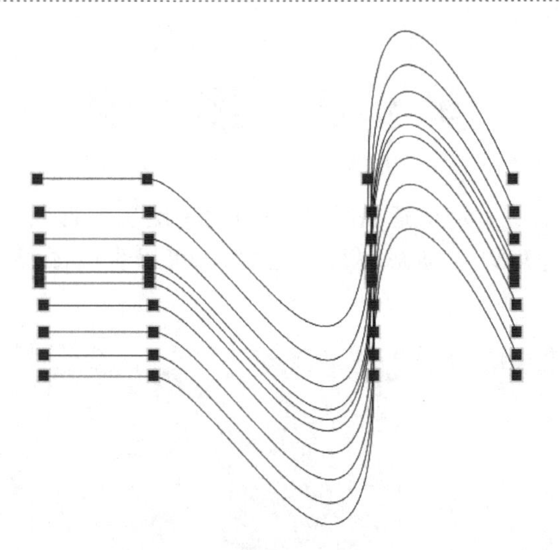

图 8-29

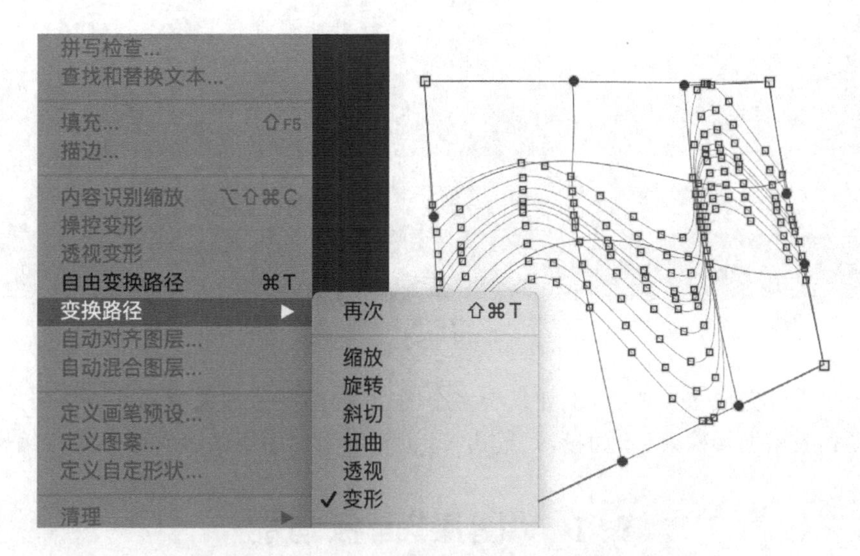

图 8-30

图 8-31

第9章　图　层

图层就如同层层堆积在一起的透明纸张，可以通过图层的透明区域看到下一层的图层，如图 9－1 所示。图层是可以移动来进行定位的，也可以更改图层的不透明度使图层内容透明。

图 9－1

利用图层可以完成多种任务，例如复合多个图层、向图层添加矢量形状或添加文本。可以应用图层样式来添加特殊效果，如投影、描边等，也可以添加图层蒙版对图形进行编辑。

9.1　“图层”面板功能

Photoshop 中的“图层”面板列出了图像中的所有图层、图层组和图层效果。可以使用“图层”面板来显示和隐藏图层，创建新的图层以及处理图层组，如图 9－2 所示。

“图层”面板中部分选项的作用介绍如下：

正常：在其下拉列表中可指定当前图层与其下面图层的颜色混合模式。

不透明度：100%：设置图层中图像的不透明度。

锁定透明像素：单击此按钮，锁定当前图层的透明像素区域，进行编辑操作时只能对图层中的不透明区域有效。

锁定图像像素：单击此按钮，锁定当前图层的内容，禁止对当前图层中的内容进行编辑修改操作，只可对图层进行移动和变形。

锁定位置：单击此按钮，锁定操作对象的位置，即在该图层中不能对它进行移动操作。

图 9－2

锁定全部：单击此按钮，锁定全部操作，即在该图层中不能进行任何操作。

添加图层样式：单击此按钮，在弹出的快捷菜单中选择某个样式命令为图层添加特殊样式效果。“图层样式”对话框如图 9－3 所示。

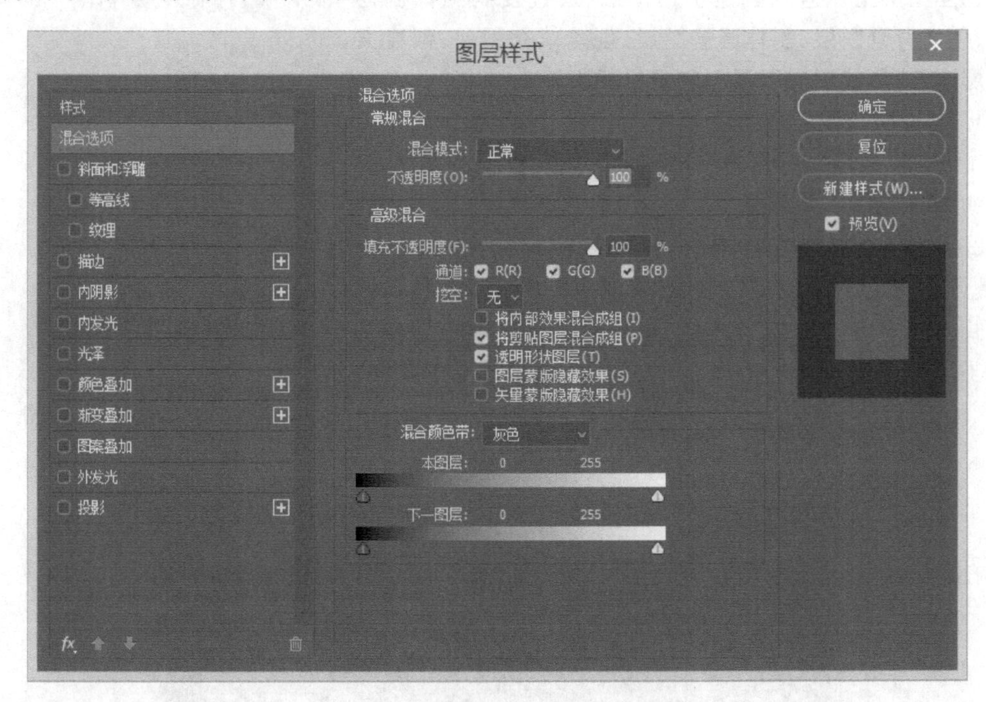

图 9－3

添加图层蒙版：单击此按钮，将给当前图层添加一个图层蒙版，

创建新的填充或调整图层：单击此按钮，可在弹出的菜单中选择调整图层色彩和色调命令。

创建新组：单击此按钮，可建立一个图层文件夹，可将不同的图层拖动到一个图层组中。利用该功能可管理图层。

创建新图层：单击此按钮，将新建一个普通图层。

删除图层：单击此按钮，可删除当前图层。

指定图层可见性：单击此按钮，可显示或隐藏选中的图层。

指定链接到其他图层：图层前有此标志，表示该图层已经与其他图层进行了链接对有链接关系的图层进行操作时，链接的其他图层也会受到影响。单击此按钮，可弹出如图 9－4 所示的菜单，并对图层进行新建、删除、合并等操作。

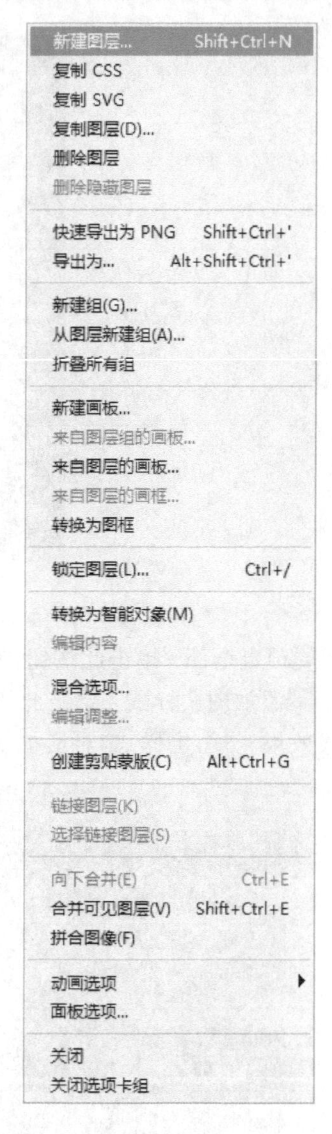

图 9－4

9.2 图层的基本操作

9.2.1 创建图层

创建图层主要包括创建空白图层、通过复制图像创建图层、创建背景图层、创建调整图层、创建填充图层、创建文字图层、创建形状图层以及创建图层蒙版等。

1. 创建空白图层

① 选择“图层”→“新建”→“图层”命令，弹出如图 9－5 所示的“新建图层”对话框。

② 在“名称”文本框中输入图层名称。

③ 在“颜色”和“模式”下拉列表框中选择显示颜色和混合模式。

④ 设置完成后单击“确定”按钮，即完成空白图层的创建。

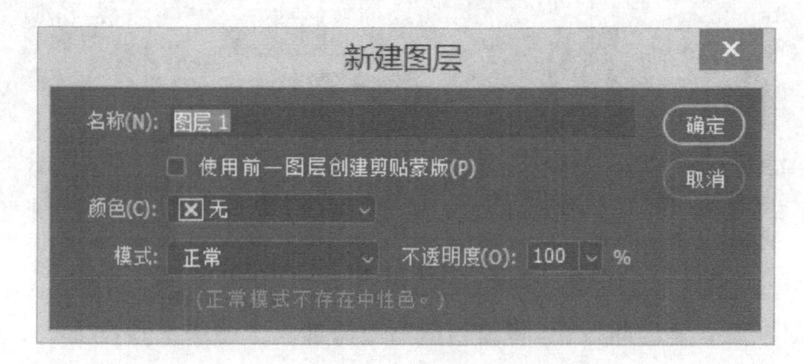

图 9－5

2. 快速创建新图层

直接单击"图层"控制面板底部的"创建新的图层"按钮 可以快速地创建一个新的图层，只是创建的图层以"图层 X"为默认名(X 为阿拉伯数字，由 1 开始顺延)，且图层没有颜色。

3. 创建背景图层

① 将图 9－6 所示图层创建为背景图层，然后在图层面板中选中要作为背景的图层。

② 选择"图层"→"新建"→"背景图层"命令，即可将选中的图层设置为背景图层，如图 9－7 所示。

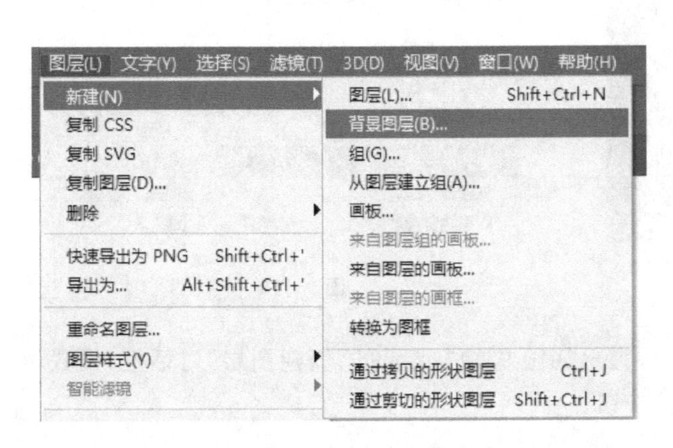

图 9－6

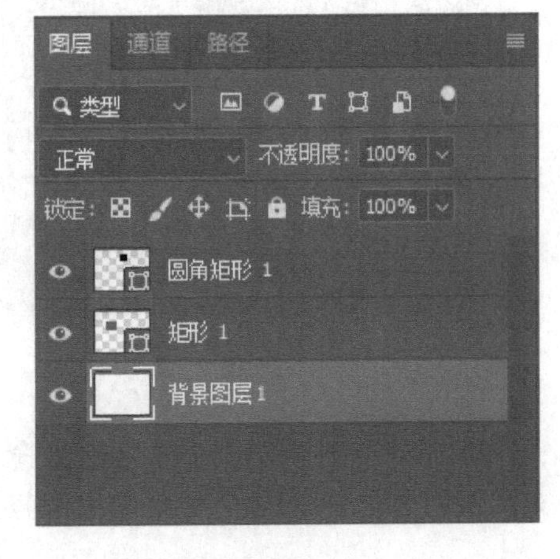

图 9－7

4. 创建调整图层

调整图层是将"色阶"、"曲线"和"色彩平衡"等调整命令制作的效果单独放在一个图层中。创建调整图层的具体操作如下：

① 选择"图层"→"新建调整图层"命令，弹出其子菜单。

② 选择"色阶"调整命令，在弹出的"新建图层"对话框中设置色阶图层的名称和颜色等，加图 9－8 所示。

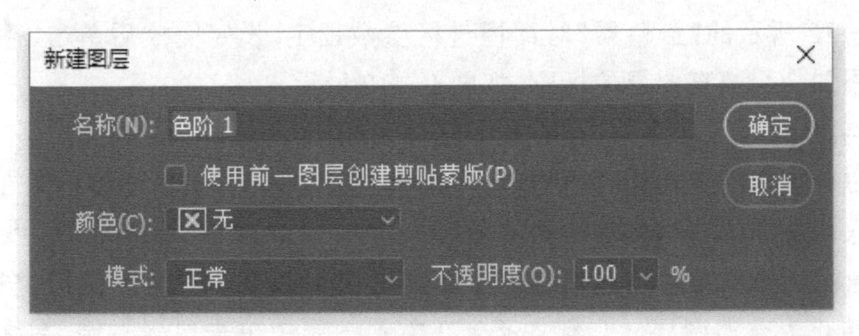

图 9－8

③ 设置完成后单击"确定"按钮，此时图层控制面板会添加一个调整图层的标志，如图 9－9 所示。

5. 创建填充图层

填充图层是将各种填充模式的效果单独放在一个图层中。创建填充图层的具体操作如下：

① 选择“图层”→“新建填充图层”命令,弹出级联菜单,如图 9－10 所示。

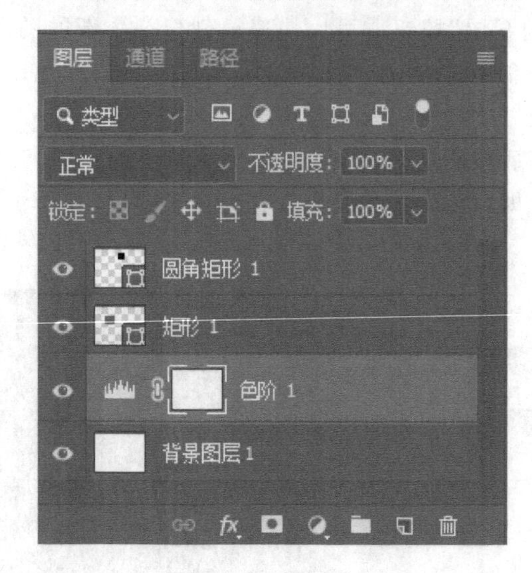

图 9－9

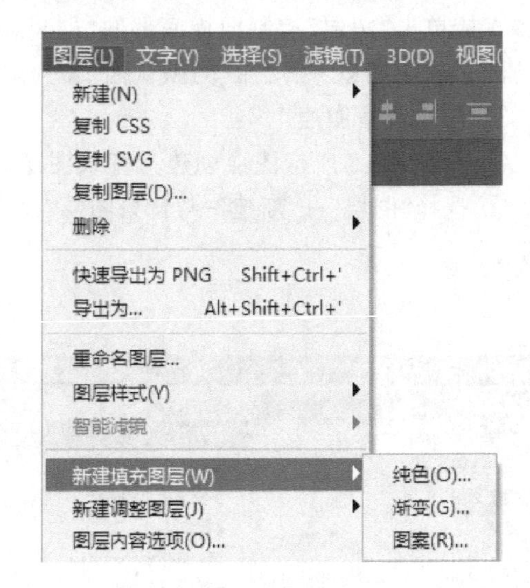

图 9－10

② 选择一种填充类型如“纯色”命令,弹出如图 9－11 所示的“新建图层”对话框,设置填充图层的名称等,设置完成后单击“确定”按钮。

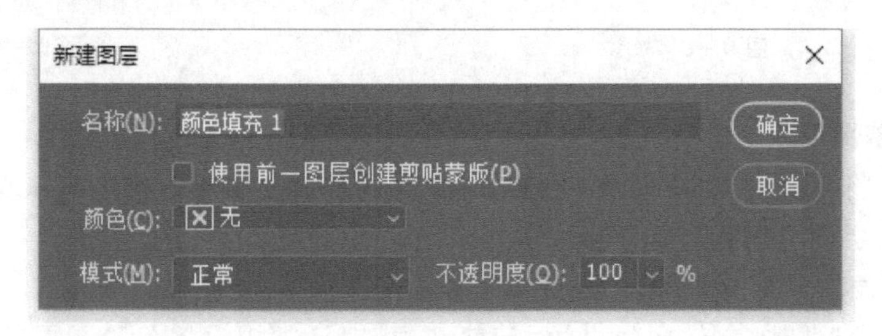

图 9－11

③ 对图 9－12 所示的“拾色器”对话框进行参数设定,设定完成后单击“确定”按钮,则图层控制面板会添加一个填充图层的标志,如图 9－12 所示。

6. 创建文字图层

在工具箱中单击文字工具T,在图像空白处单击并输入文字,系统将自动在当前图层之上建立一个以输入的文字内容为名称的文字图层。

大部分的绘图工具和编辑功能不能用于文字图层。如果要对文字图层进行操作,则必须先将文字图层转化为普通图层。步骤如下:在文本图层中单击鼠标右键,在弹出的快捷菜单中选择“栅格化文字”命令,即可将文字图层转化为普通图层,再进行操作。

7. 创建形状图层

使用形状工具或钢笔工具可以创建形状图层,形状中会自动填充当前的前景色。在 Photoshop 中,可以在图层中绘制多个形状,并指定重叠的形状如何相互作用。创建形状图的具体操作如下:

① 在工具箱中单击自定义形状工具或钢笔工具，并选中选择栏中的“形状图层”按钮。

② 在选项栏中设置完成后，拖动鼠标在图像窗口中进行绘制，此时会在图层控制面板中建立一个如图 9-13 所示的形状图层。

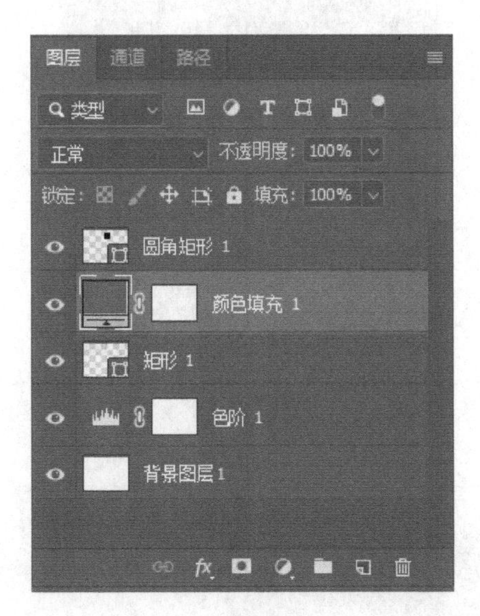

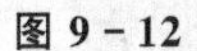
图 9-12

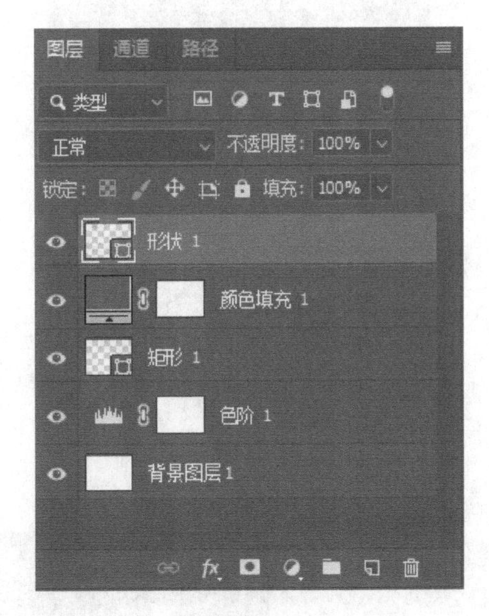

图 9-13

9.2.2 复制图层

用复制图像来创建图层是在 Photoshop 操作中常用的一种方法，在复制出的图层上进行各种编辑操作，可以有效避免原图遭到破坏。

复制图层的方法有拖动复制、利用菜单命令复制两种。

1. 拖动复制图层的操作

① 在图层面板中选中需要复制的图层，将要复制的图层拖动到图层面板的“创建新图层”按钮上。

② 当在该按钮上出现手形鼠标指针时，松开鼠标按键，此时会在图层面板中出现一个与被复制图层相同的“图层 X 拷贝”命名的图层，如图 9-14 所示。

③ 若想重新命名复制的新图层，在图层名处双击，此时图层处于可编辑状态，如图 9-15 所示。

④ 输入新图层的名称后在可编辑状态之外单击，即完成操作。

2. 利用菜单命令复制图层的操作

① 选中需要复制的图层，单击图层控制面板中的按钮，在弹出的菜单中选择“复制图层”命令或选择“图层”→“复制图层”命令，弹出“复制图层”对话框，如图 9-16 所示。

② 为图层设置一个新名称，单击“确定”按钮即可。

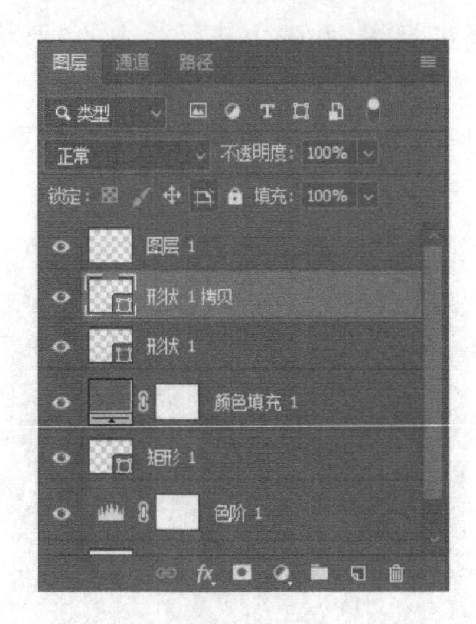

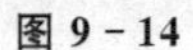
图 9－14

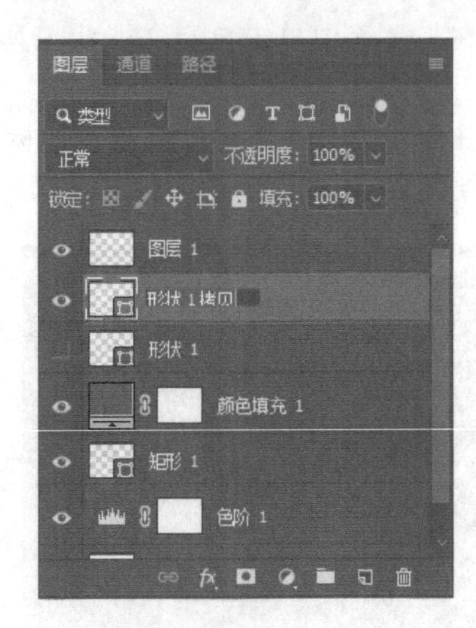

图 9－15

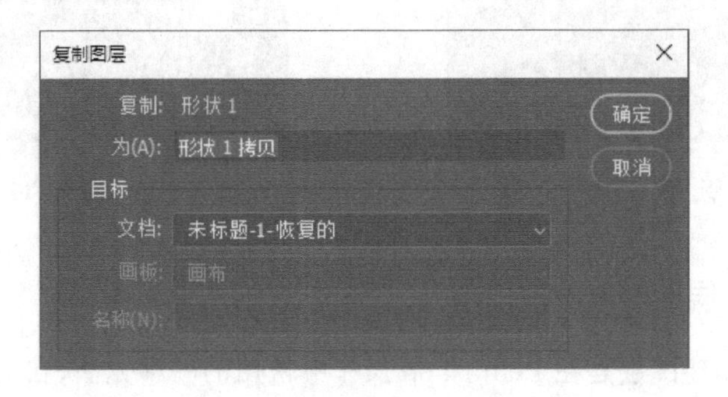

图 9－16

9.2.3 锁定图层

锁定图层是为了防止误操作，可以完全或部分锁定图层以保护其内容。图层锁定后，图层名称的右边会出现一个锁形图标。当图层被完全锁定时，锁图标是实心的；当图层被部分锁定时，锁图标是空心的。

在背景图层上始终有一个锁定的标志，这是因为背景层自带锁定功能。

Photoshop 提供了 5 种锁定方式，用户可自行给图层设置锁定方式。

① 锁定透明像素：单击此按钮，锁定当前图层的透明像素区域，进行编辑操作时只能对图层中的不透明区域有效。

② 锁定图像像素：单击此按钮，锁定当前图层的内容，禁止对当前图层中的内容进行编辑修改操作，只对图层进行移动和变形。

③ 锁定位置：单击此按钮，锁定全部操作，即在该图层中不能进行任何操作。

④ 防止自动嵌套：单击此按钮，防止移除画板。

⑤ 锁定全部 ：单击此按钮，锁定全部操作，即在该图层中不能进行任何操作。

技能点拨： 对于文字和形状图层，“锁定透明度”和“锁定图像”选项在默认情况下处于选中状态，而且不能取消选择。

9.2.4　设置图层属性

要改变图层面板中图层的颜色和名称，操作方法如下：

① 选择“窗口”→“属性”菜单命令，弹出“属性”面板，如图 9－17 所示。

② 在“属性”面板中选中需要修改的参数，进行具体修改。例如图 9－18 中，单击形状图层，“属性”面板中则显示出形状图层的具体信息，在图层蒙版选项中可修改形状的浓度、羽化值，调整蒙版、颜色范围、反相的参数。

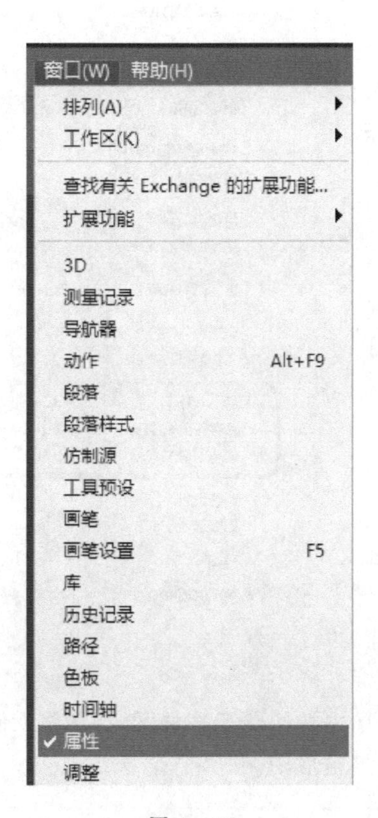

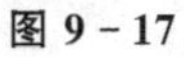

图 9－17

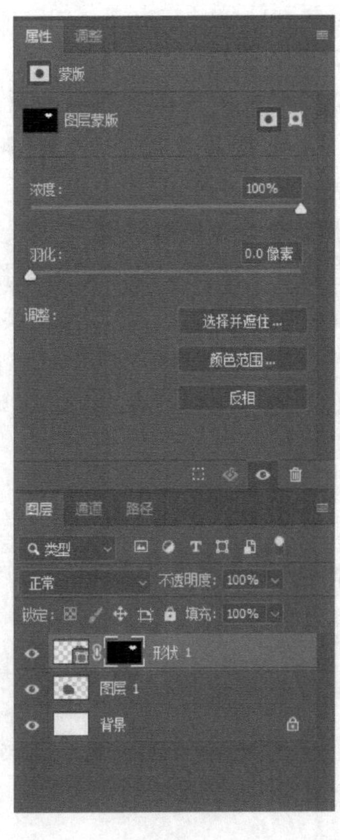

图 9－18

9.2.5　合并图层

在图形处理过程中，可以通过合并图层来减小文件大小并提高操作速度。

① 选中要合并的图层，单击图层控制面板中的按钮 ，弹出如图 9－19 所示的快捷菜单，合并图层有以下 3 种方式：

① 选择“向下合并”命令，被链接的图层合并到最下面的一个图层中。

② 选择“合并可见图层”命令，将图层中除被隐藏图层外的所有图层合并在一起。

③ 选择“拼合图像”命令，可将图层中所有的图层合并为背景。如果图层中有隐藏图层，则会弹出如图 9－20 所示提示框。单击“确定”按钮会扔掉隐藏图层的内容，然后合并可见图层；单击“取消”按钮将取消“拼合图像”命令的执行。

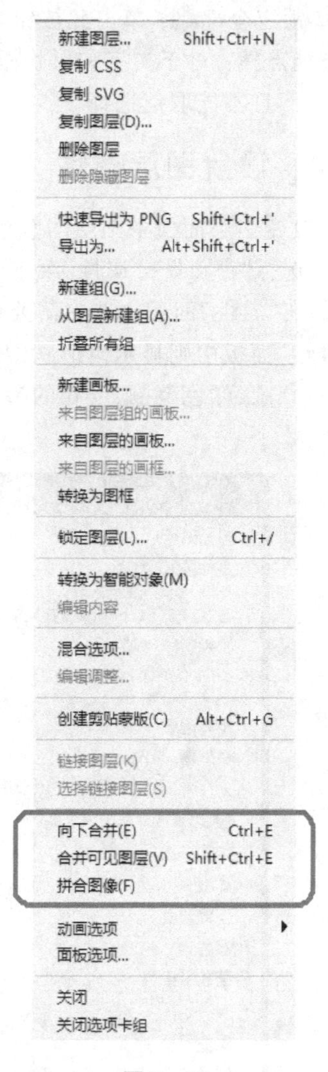

图 9－19

9.2.6 图层的删除

删除图层的方法有拖动删除图层和利用菜单命令删除图层两种。

1. 拖动删除图层

在“图层”面板中选择要删除的图层作为当前图层，单击图层面板底部的“删除”按钮或直接用鼠标拖动该图层到“删除”按钮上。

2. 利用菜单命令删除图层

在图层面板中选择要删除的图层作为当前图层，单击图层面板中的按钮，在弹出的快捷菜单中选择“删除图层”命令，或选择“图层”→“删除”命令，在打开的提示对话框中单击“是”按钮即可，如图 9－21 所示。

9.2.7 链接图层

对多个图层同时进行移动时，可以将有关图层链接起来。其具体操作如下：

① 选择需要链接的一个图层，使其成为当前图层。

② 按住 Ctrl 键，单击需要链接的另一个图层，在单击按钮后选择“链接图层”命令，将会出现链接图标，表示链接成功。再次单击该图标则链接被取消。

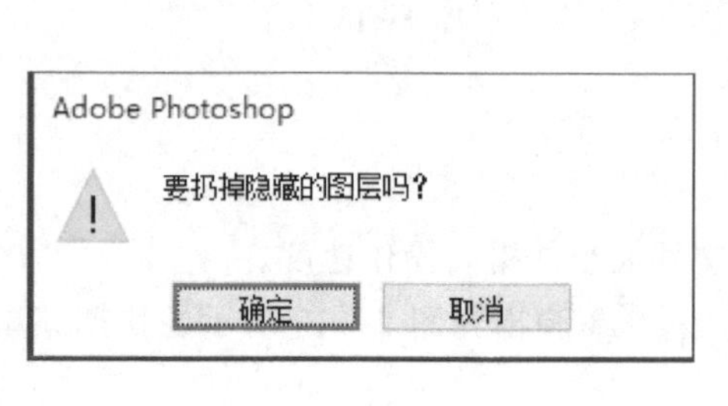

图 9－20

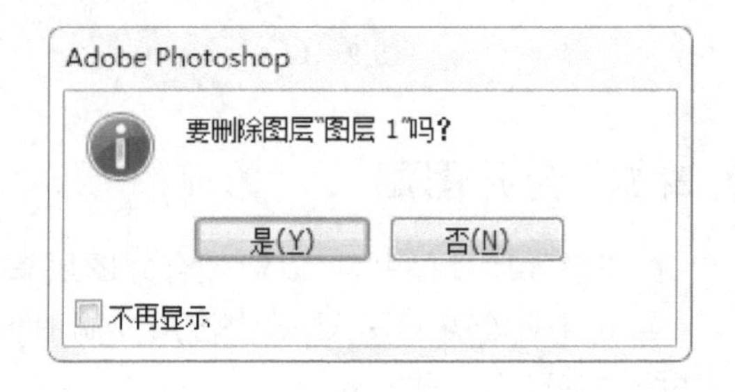

图 9－21

9.2.8 图层组

图层组可以同时编辑多个图层,使用图层组可以将图层作为一组移动,对图层组应用属性和蒙版也更加简单快捷。

创建图层组主要有以下几种方法:

方法1:选择“图层”→“新建”→“组”命令。

方法2:在图层控制面板菜单中单击按钮,选择“新建组”命令。

方法3:按住 Alt 键的同时单击图层控制面板中的“新建组”按钮,即弹出“新建组”对话框,设置完成后单击“确定”按钮即可,如图9-22所示。

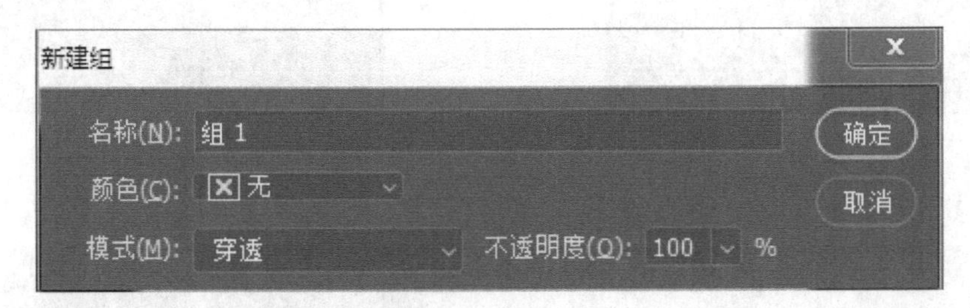

图 9-22

9.3 图层蒙版

图层蒙版是一项重要的合成技术,可用于将多张照片合并成一张图像,或者将人物或对象从照片中移除。向图层添加蒙版,可使用此蒙版隐藏图层的部分内容并显示下面的图层。

9.3.1 图层蒙版的创建

图层蒙版可以隐藏整个图层或者其中的所选部分,但背景图层不能创建蒙版。

为图层或图层组创建蒙版,具体操作如下:

① 在图层控制面板中,选择要添加蒙版的图层或图层组。

② 在图层控制面板的底部单击“添加图层蒙版”按钮,或选择“图层”→“图层蒙版”→“显示全部”命令,创建显示整个图层的蒙版,如图9-23所示。

③ 要创建隐藏整个图层的矢量蒙版,按住 Alt 键并单击“添加图层蒙版”按钮或选择“图层”→“图层蒙版”→“隐藏全部”命令,如图9-24所示。

9.3.2 图层蒙版的编辑

图层蒙版创建后,可以使用各种编辑工具对蒙版进行编辑。下面举例说明编辑蒙版的几种方法。

1. 对蒙版创建选区

① 新建画布,利用自定形状工具绘制一个图形,图形会自动形成一个图层“形状1”,如图9-25所示。

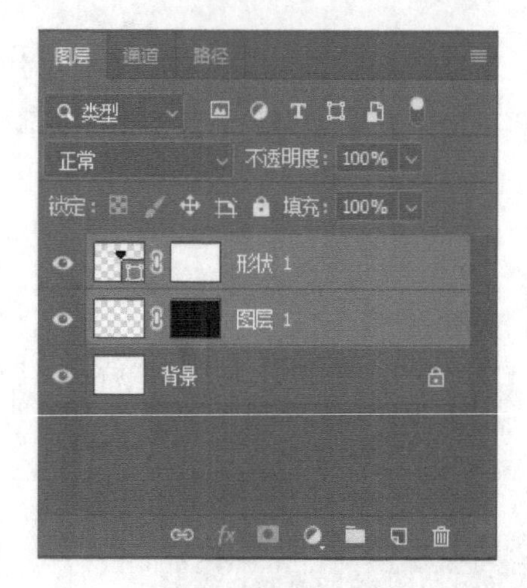

图 9 - 23

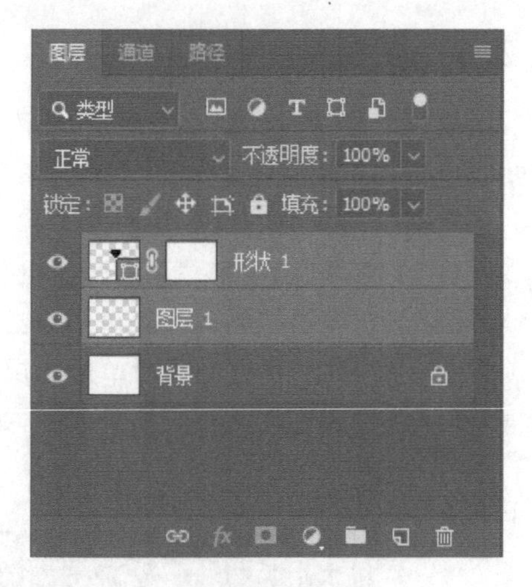

图 9 - 24

图 9 - 25

② 对“形状 1”添加蒙版，如图 9 - 26 所示。

图 9 - 26

③ 保持蒙版的选定状态，在蒙版中创建如图 9 - 27 所示的选区。

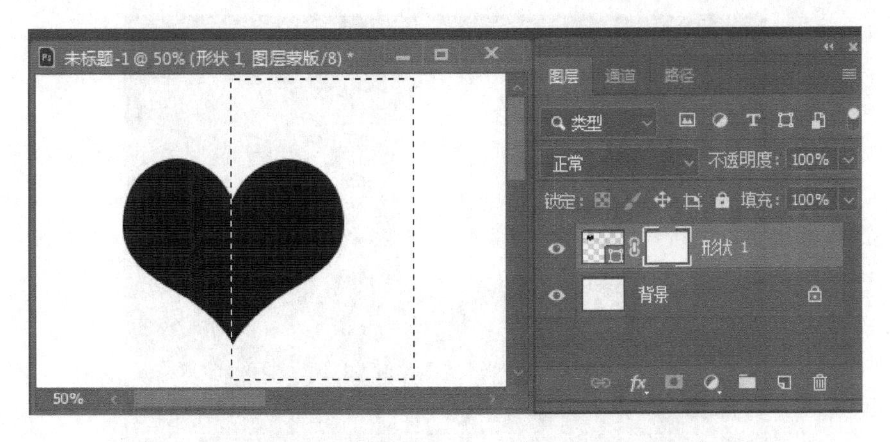

图 9－27

④ 利用油漆桶工具,对选区内填充黑色。

⑤ 该形状的最终显示效果如图 9－28 所示。

图 9－28

2. 用画笔在蒙版中绘制

在上例中,还可以直接用画笔工具在蒙版中进行绘制。选择画笔工具,将前景色设为黑色,调整好画笔笔触。保持蒙版的选定状态,在图像中涂抹,图像的显示效果如图 9－29 所示(本例中在蒙版上制了三条直线)。

在实际应用中,还可根据需要调整画笔的不透明度、画笔样式等。在处理图像时还可以用其他工具对蒙版进行编辑,使图像或图像的某部分显示或隐藏,应用时可灵活选用。

要将拷贝的选区粘贴到图层蒙版中,须进行以下操作:① 按住 Alt 键,并单击“图层”面板中的图层蒙版缩览图以显示和选择蒙版通道;② 选择“编辑”→“粘贴”命令,然后选择“选择”→“取消选择”命令,这样选区将转换为灰度并添加到蒙版中;③ 单击“图层”面板中的图层缩览图以取消选择蒙版通道,即完成粘贴。

技能点拨: 按住 Alt 键单击蒙版缩略图,可以在画布中显示蒙版。再次按住 Alt 键单击蒙版缩略图,又可以显示图像。

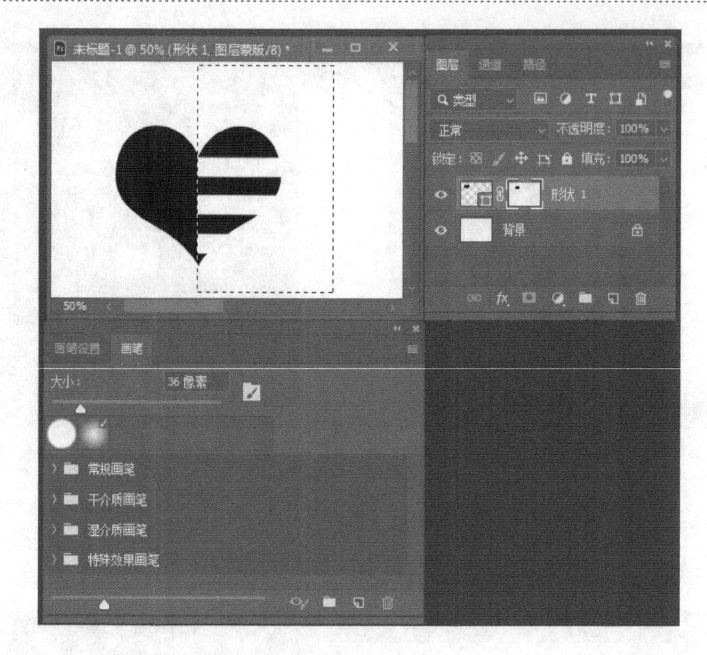

图 9－29

9.4 图层的样式

Photoshop 提供了各种效果,如阴影、发光和斜面等样式,以非破坏性的方式更改图层内容的外观。图层样式是应用于一个图层或图层组的一种或多种效果。可以应用 Photoshop 附带提供的某一种预设样式,或者使用“图层样式”对话框来创建自定义样式。

9.4.1 添加图层样式

单击图层控制面板下方的“添加图层样式”按钮,在弹出的快捷菜单中选择需要的效果命令,然后在弹出的对话框中进行参数设置。也可以选择“图层”→“图层样式”命令,在其子菜单中选择相应的图层样式效果命令。

在图层控制面板中添加了图层效果后,图层右侧会显示一个图标(如图 9－30 所示),表

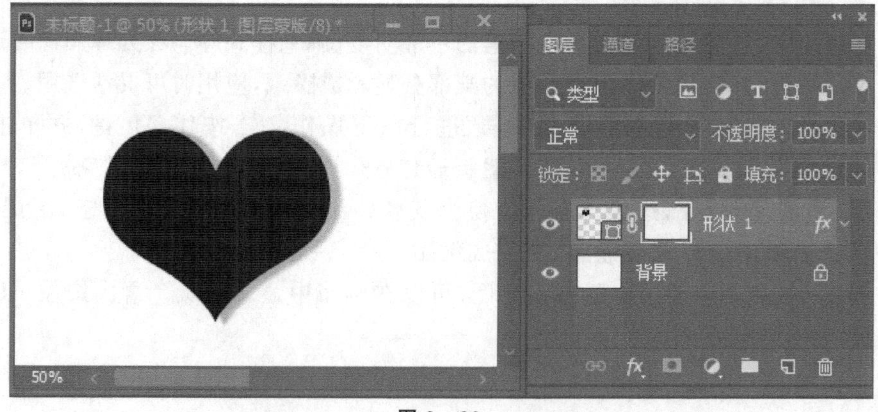

图 9－30

示该图层添加了图层样式效果。单击该图层右侧的箭头符号，展开样式可以查看或编辑该图层所添加的全部图层样式效果，如图9-31所示。

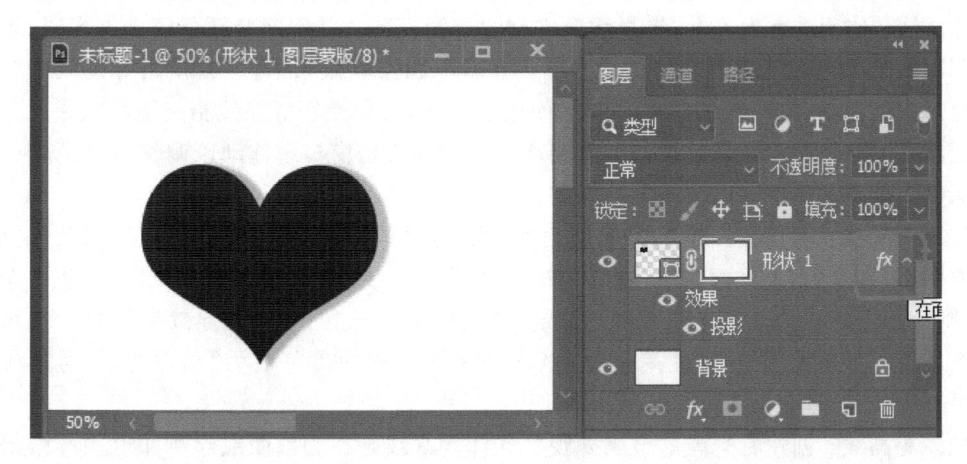

图9-31

9.4.2 应用图层样式

Photoshop中利用单个或者叠加多个图层样式可以对图形进行多方位的编辑，在“图层样式”的编辑面板（如图9-32所示）中总共有以下几种效果：

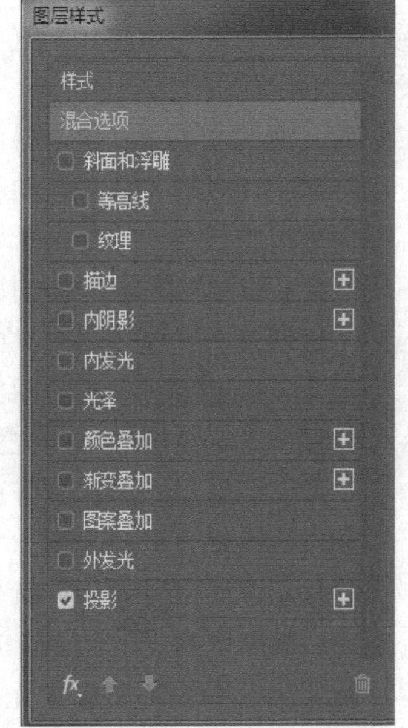

图9-32

① 描边：使用颜色、渐变或图案在当前图层上描画对象的轮廓，它对于硬边形状（如文字）特别有用。

② 斜面和浮雕：对图层添加高光与阴影的各种组合。

③ 内阴影：紧靠在图层内容的边缘内添加阴影，使图层具有凹陷外观。

④ 外发光和内发光：添加从图层内容的外边缘或内边缘发光的效果。

⑤ 光泽：应用创建光滑光泽的内部阴影。

⑥ 颜色叠加、渐变叠加和图案叠加：用颜色、渐变或图案填充图层内容。

⑦ 投影：在图层内容的后面添加阴影。

每一个图层样式都能进行非常细致的编辑，每个选项都能提供独特的效果。对所有的选项解释如下：

高度：对于斜面和浮雕效果，须设置光源的高度。值为0表示底边；值为90表示图层的正上方。

角度：确定效果应用于图层时所采用的光照角度。可以在文档窗口中拖动以调整“投影”“内阴影”或“光泽”效果的角度。

消除锯齿：混合等高线或光泽等高线的边缘像素。此选项在具有复杂等高线的小阴影上最有用。

混合模式：确定图层样式与下层图层的混合方式。例如，内阴影与现用图层混合，因为此效果绘制在该图层的上部，而投影只与现用图层下的图层混合。

阻塞：模糊之前收缩“内阴影”或“内发光”的杂边边界。

颜色：指定阴影、发光或高光。可以单击颜色框并选取颜色。

等高线：使用纯色发光时，等高线允许创建透明光环。使用渐变颜色填充发光时，等高线允许创建渐变颜色和不透明度的重复变化。在斜面和浮雕效果中，可以使用等高线来勾画在浮雕处理中被遮住的起伏、凹陷和凸起。使用阴影时，可以使用等高线指定渐隐效果。

距离：指定阴影或光泽效果的偏移距离。可以在文档窗口中拖动以调整偏移距离。

深度：指定斜面深度以及图案的深度。

使用全局光：可设置一个“主”光照角度，此角度可用于使用阴影的所有图层效果，如“投影”“内阴影”以及“斜面和浮雕”。在任何这些效果中，如果选中“使用全局光”并设置一个光照角度，则该角度将成为全局光源角度。选定了“使用全局光”的任何其他效果将自动继承相同的角度设置。如果取消选择“使用全局光”，则设置的光照角度将成为“局部的”并且仅应用于该效果。

光泽等高线：创建有光泽的金属外观。光泽等高线是在为斜面或浮雕加上阴影效果后应用的。

渐变：指定图层效果的渐变。单击“渐变”按钮以显示“渐变编辑器”，或单击倒箭头并从随后弹出的面板中选取一种渐变形式。可以使用渐变编辑器编辑渐变或创建新的渐变。在“渐变叠加”面板中，可以像在渐变编辑器中那样编辑颜色或不透明度。对于某些效果，可以指定附加的渐变选项。“反向”翻转渐变方向，“与图层对齐”使用图层的外框来计算渐变填充，而“缩放”则缩放渐变的应用。还可以通过在图像窗口中通过单击和拖动来移动渐变中心。“样式”指定渐变的形状。

高光或阴影模式：指定斜面或浮雕高光，或阴影的混合模式。

抖动：改变渐变的颜色和不透明度的应用。

图层挖空投影：控制半透明图层中投影的可见性。

杂色：指定发光或阴影的不透明度中随机元素的数量，输入值或拖动滑块。

不透明度：设置图层效果的不透明度，输入值或拖动滑块。

图案：指定图层效果的图案，单击打开相应的对话框并选取一种图案。

位置：指定描边效果的位置是“外部”“内部”或是“居中”。

范围：控制发光中作为等高线目标的部分或范围。

大小：指定模糊的半径和大小，或阴影大小。

软化：模糊阴影效果可减少多余的人工痕迹。

源：指定内发光的光源。选取“居中”以应用从图层内容的中心发光，或选取“边缘”以应用从图层内容的内部边缘发光。

扩展：在模糊之前扩大杂边边界。

样式：指定斜面样式。“内斜面”在图层内容的内边缘上创建斜面；“外斜面”在图层内容的外边缘上创建斜面；“浮雕效果”模拟使图层内容相对于下层图层呈浮雕状的效果；“枕状浮雕”模拟将图层内容的边缘压入下层图层中的效果；“描边浮雕”将浮雕限于应用于图层的描边效果的边界。（如果未将任何描边应用于图层，则“描边浮雕”效果不可见。）

方法：“平滑”“雕刻清晰”和“雕刻柔和”可用于斜面和浮雕效果；“柔和”与“精确”应用于内发光和外发光效果。

平滑： 稍微模糊杂边的边缘，可用于所有类型的杂边，不论其边缘是柔和的还是清晰的。此技术不保留大尺寸的细节特征。

雕刻清晰： 使用距离测量技术，主要用于消除锯齿形状（如文字）的硬边杂边。它保留细节特征的能力优于“平滑”技术。

雕刻柔和： 使用经过修改的距离测量技术，虽然不如“雕刻清晰”精确，但对较大范围的杂边更有用。它保留特征的能力优于“平滑”技术。

柔和： 应用模糊，可用于所有类型的杂边，不论其边缘是柔和的还是清晰的。“柔和”不保留大尺寸的细节特征。

精确： 使用距离测量技术创造发光效果，主要用于消除锯齿形状（如文字）的硬边杂边。它保留特写的能力优于“柔和”技术。

纹理： 应用一种纹理，使用“缩放”功能来调整纹理的大小。

以下举几个图层样式的例子进行详细阐述。

1. 投影效果

单击“图层样式”面板下方的fx按钮，在弹出的快捷菜单中选择“投影”命令，即弹出如图 9－33 所示的“图层样式”对话框，各选项含义如下：

- “混合模式”下拉列表框：在其中可以设置添加的阴影与原图像合成的模式，单击该选项后面的色块在弹出的“拾色器”对话框中可以设置阴影的颜色。
- “不透明度”文本框：用于设置阴影的不透明程度。
- “角度”文本框：用于设置产生阴影的角度，可以直接输入角度值，也可以拖动指针进行旋转来设置角度值。
- “距离”文本框：用于设置暗调的偏移量，值越大，偏移量就越大。
- “扩展”文本框：用于设置阴影的扩散程度。

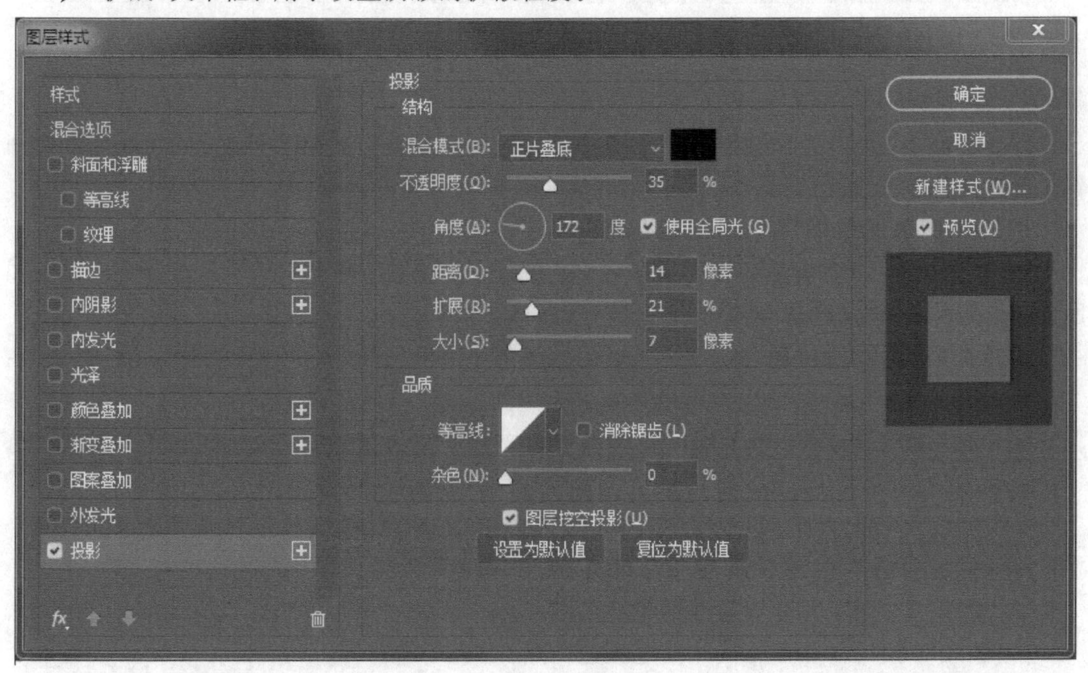

图 9－33

➢“大小”文本框：用于设置阴影的模糊程度，数值越大越模糊。

➢“等高线”下拉列表框：用于设置阴影的轮廓形状，可以在其下拉列表框中选择。

➢“杂色”文本框：用于设置是否使用噪声点来对阴影进行填充。设置完成后，单击“确定”按钮即可为图层添加投影效果。

2. 内投影效果

单击“图层样式”面板左下方的按钮，在弹出的快捷菜单中选择“内阴影”命令，弹出如图 9－34 所示的对话框，其中的各项参数设置与投影效果的设置完全相同。

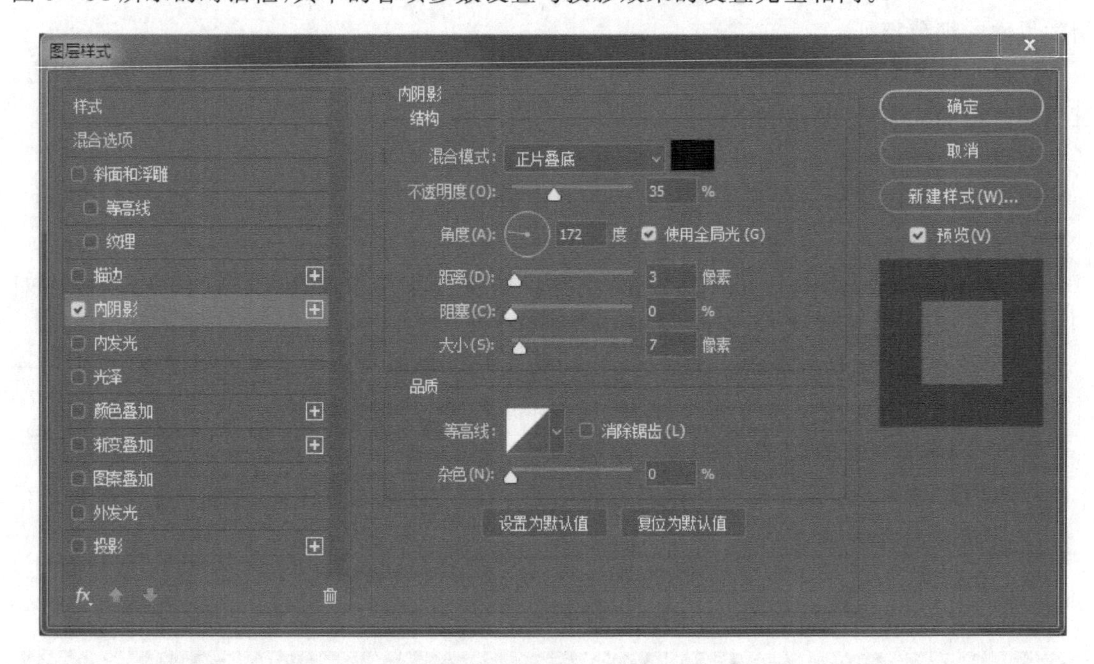

图 9－34

3. 发光效果

Photoshop 中提供了“外发光”和“内发光”两种发光效果。其中，“外发光”效果可以在图像边缘的外部添加发光效果，“内发光”效果可以在图像边缘的内部添加发光效果。

下面以“外发光效果”为例来进行介绍。

单击“图层样式”面板左下方的按钮，在弹出的快捷菜单中选择“外发光”命令，弹出如图 9－35 所示的“图层样式”对话框，各选项含义如下：

➢单选项：选中即可使用一个单一的颜色作为发光效果的颜色，单击其中的色块，在打开的“拾色器”对话框中可以选择其他颜色。

➢单选项：选中即可使用一个渐变颜色作为发光效果的颜色，单击其中的色块，在打开的“渐变编辑器”对话框中可以选择其他的渐变颜色。

➢“方法”下拉列表框：用于设置对外发光效果应用的柔和技术，有“柔和”和“精确”两个选项，选择“柔和”选项可使外发光效果更柔和。

➢“范围”文本框：用于设置光的轮廓范围。

➢“抖动”文本框：用于在光中产生颜色杂点。

设置完成后，单击“确定”按钮即完成操作。

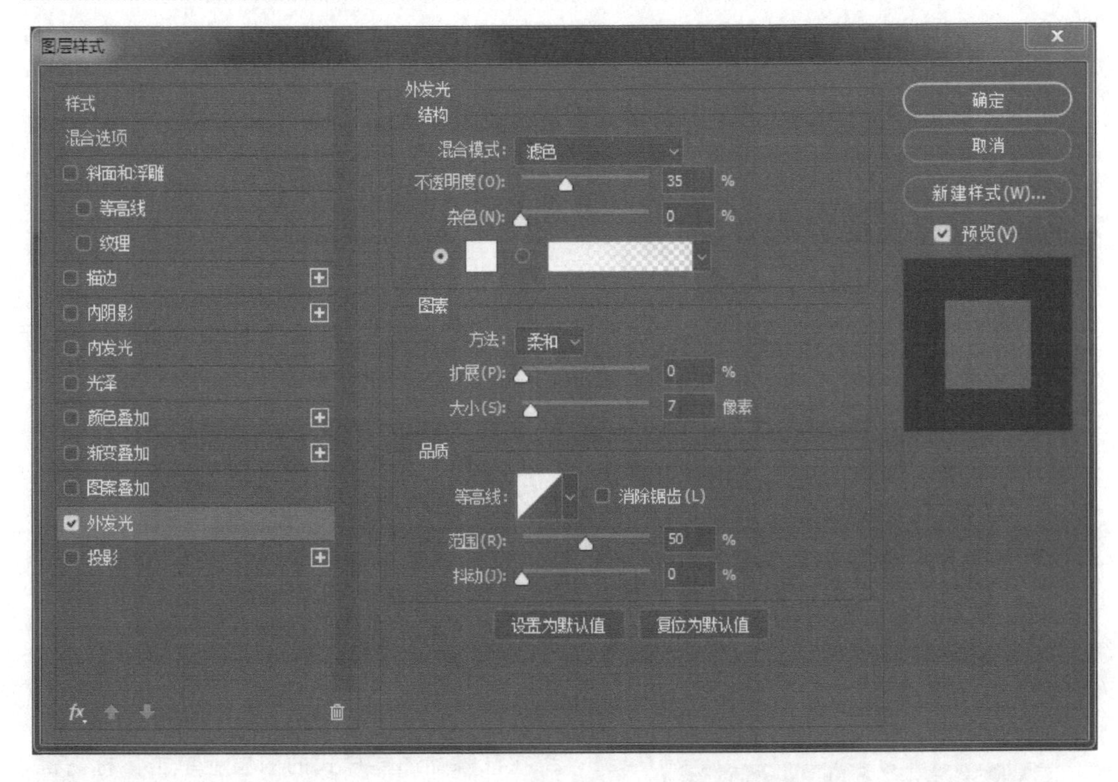

图 9 - 35

4. 描边效果

单击“图层样式”面板左下方的按钮 fx，在弹出的快捷菜单中选择“描边”命令，弹出如图 9 - 36 所示的“图层样式”对话框。各选项含义如下：

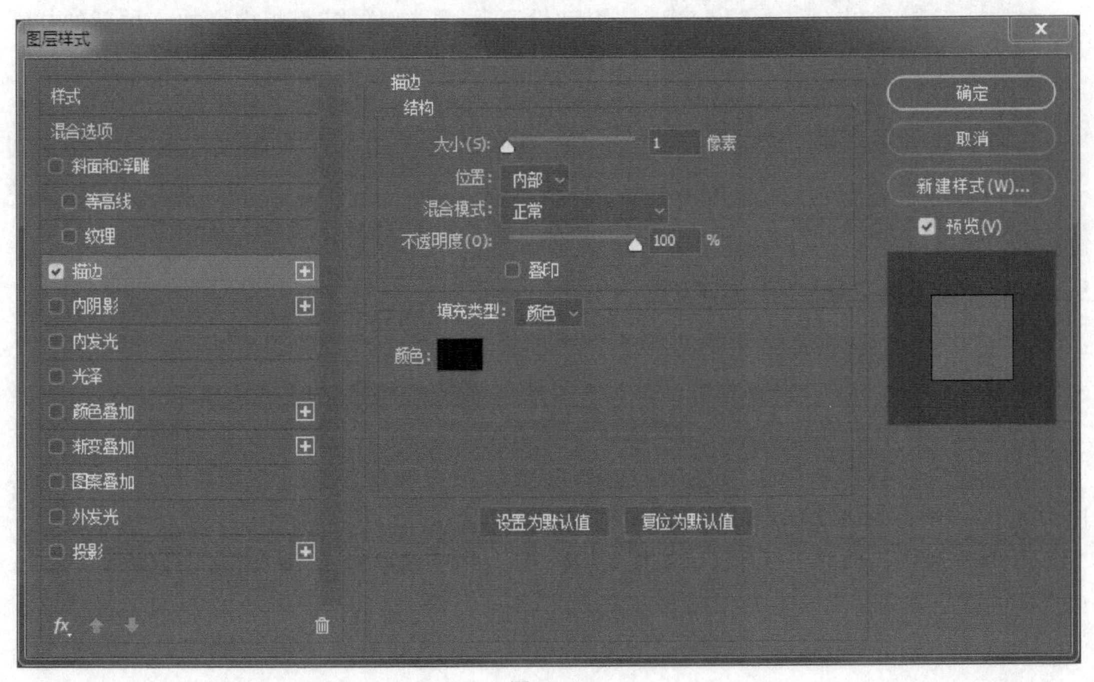

图 9 - 36

➢ “位置”下拉列表框：用于设置描边的位置，可以选择“外部”“内部”或者“居中”3 种位置类型之一。

➢ “填充类型”下拉列表框：用于设置指边填花的内容类型，包括“颜色”“渐变”和“图案”3 种类型。

9.4.3 保存图层样式

保存图层样式有以下 3 种方法：

① 单击“图层样式”按钮，在弹出的对话框中选择“新建样式”命令，弹出如图 9-37 所示“新建样式”对话框。完成样式命名和设置后，单击“确定”按钮即可。

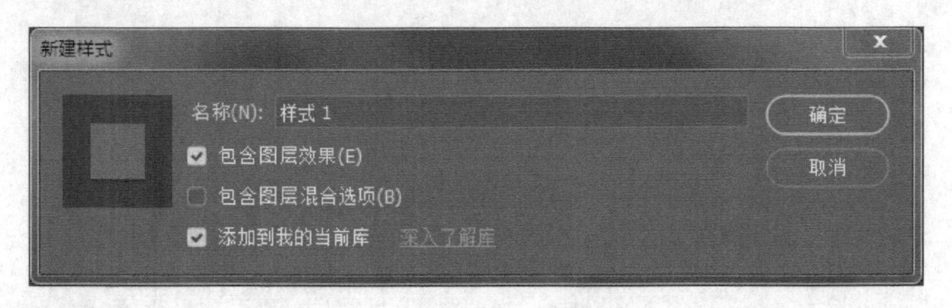

图 9-37

图 9-38

② 在已添加图层样式的图层上单击鼠标右键，选择“拷贝图层样式”命令，然后将鼠标指针移到“样式”调板内样式图案之上，单击鼠标右键，会弹出如图 9-38 所示的菜单，再单击该菜单中的“新建样式”命令，即可弹出“新建样式”对话框。完成样式命名和设置后，即在“样式”面板中增加一种新的样式图案。

③ 在已添加图层样式的图层上单击鼠标右键，选择“拷贝图层样式”命令，然后将鼠标指针移到“样式”面板内样式图案之上，单击鼠标右键，选择“新建样式”命令，完成样式命名和设置。

9.4.4 管理和编辑图层样式

1. 复制和粘贴图层样式

复制和粘贴图层样式的操作可以将一个图层的样式复制添加到其他图层中。

(1) 2 种复制图层样式的方法

① 将鼠标指针移到添加了图层样式的图层或其样式层之上，单击鼠标右键，在弹出的快捷菜单中选择“复制图层样式”命令，即可复制图层样式。

② 单击选中添加了图层样式的图层，选择“图层”→“图层样式”→“复制图层样式”命令，也可复制图层样式。

(2) 2种粘贴图层样式的方法

① 将鼠标指针移到要添加图层样式的图层之上，单击鼠标右键，在弹出的快捷菜单中选择“粘贴图层样式”命令，即可给选中的图层添加图层样式。

② 单击选中要添加图层样式的图层，选择“图层”→“图层样式”→“粘贴图层样式”命令也可给选中的图层粘贴图层样式。

2. 隐藏和显示图层样式

① 隐藏图层效果：单击关闭“图层”调板内“效果”层左边的按钮使它隐藏，即可隐藏所有的图层效果；单击选中“效果”下方某一样式，则可对指定的样式隐藏，如图9-39所示。

② 隐藏图层的全部效果：单击“图层”→“图层样式”→“隐藏所有效果”命令，可以将选中图层的全部效果隐藏，即隐藏图层样式。

③ 单击“图层”调板内“效果”层左边的按钮，会使按钮显示出来，同时使隐藏的图层效果显示出来。

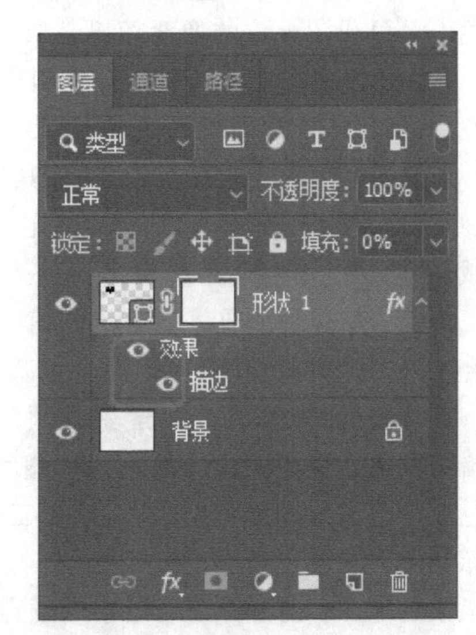

图9-39

3. 删除图层效果和“图层”面板中的图层样式

① 删除一个图层效果：按住鼠标左键将图层调板内的效果名称层拖移到“删除图层”按钮上，再松开鼠标左键，即可将该效果删除。

② 删除一个或多个图层效果：选中要删除图层效果的图层，双击即弹出“图层样式”对话框，然后取消选中该对话框左侧“样式”选项，可删除全部图层效果。

③ 删除“图层”面板中的图层样式：单击选中添加了图层样式的图层，再单击鼠标右键，弹出其快捷菜单，单击菜单中的“清除图层样式”命令，即可删除全部图层效果，也就是添加的图层样式。

④ 可以单击“图层”→“图层样式”→“清除图层样式”命令，或者单击“样式”面板中的“清除样式”按钮来删除选中图层的图层样式。

9.5　图层混合模式

1. 图层模式简介

图层的混合模式是指两个图层之间的叠加模式，也就是多个图层的透叠效果，如果只有一个图层则不能形成叠加，因此要有两个或两个以上的图层才可以实现图层的混合模式。

Photoshop的图层模式分为6组，依次为：不依赖底层图像的“正常”与“溶解”；使底层图像变暗的“变暗”“正片叠底”“颜色加深”“线性加深”与“深色”；使底层图像变亮的“变亮”“滤色”“颜色减淡”“线性减淡”与“浅色”；增加底层图像的对比度“叠加”“柔光”“强光”“亮光”“点光”“线性光”与“实色混合”；对比上下图层的“差值”与“排除”；把一定量的上层图像应用到底层图像中“色相”“饱和度”“颜色”与“明度”。

其中，第二组和第三组的图层混合模式是完全相反的，比如“正片叠底”就是“滤色”的相反模式；“强光”模式可以为图像添加高光，而“点光”和“线性光”模式可以配合透明度的调整为图像增加纹理；“色相”和“颜色”模式可以为图像增添上色。

2. 各种图层混合模式的作用

正常：编辑或绘制每个像素，使其成为结果色。这是默认模式。（在处理位图图像或索引颜色图像时，“正常”模式也称为阈值。）

溶解：编辑或绘制每个像素，使其成为结果色。但是，根据任何像素位置的不透明度，结果色由基色或混合色的像素随机替换。

背后：仅在图层的透明部分编辑或绘画。此模式仅在取消选择了“锁定透明区域”的图层中使用，类似于在透明纸的透明区域背面绘画。

清除：编辑或绘制每个像素，使其透明。此模式可用于形状工具（当选定填充区域时）、油漆桶工具、画笔工具、铅笔工具、“填充”命令和“描边”命令。用户必须在取消选择了“锁定透明区域”的图层中才能使用此模式。

变暗：查看每个通道中的颜色信息，并选择基色或混合色中较暗的颜色作为结果色。比混合色亮的像素被替换，而比混合色暗的像素保持不变。

正片叠底：查看每个通道中的颜色信息，并将基色与混合色进行正片叠底。结果色总是较暗的颜色。任何颜色与黑色正片叠底产生黑色。任何颜色与白色正片叠底保持不变。当用黑色或白色以外的颜色绘画时，绘画工具绘制的连续描边产生逐渐变暗的颜色。这与使用多个标记笔在图像上绘图的效果相似。

颜色加深：查看每个通道中的颜色信息，并通过增加二者之间的对比度使基色变暗以反映出混合色。与白色混合后不产生变化。

线性加深：查看每个通道中的颜色信息，并通过减小亮度使基色变暗以反映混合色。与白色混合后不产生变化。

变亮：查看每个通道中的颜色信息，并选择基色或混合色中较亮的颜色作为结果色。比混合色暗的像素被替换，比混合色亮的像素保持不变。

滤色：查看每个通道的颜色信息，并将混合色的互补色与基色进行正片叠底。结果色总是较亮的颜色。用黑色过滤时颜色保持不变。用白色过滤将产生白色。此效果类似于多个摄影幻灯片在彼此之上投影。

颜色减淡：查看每个通道中的颜色信息，并通过减小二者之间的对比度使基色变亮以反映出混合色。与黑色混合则不发生变化。

线性减淡：查看每个通道中的颜色信息，并通过增加亮度使基色变亮以反映混合色。与黑色混合则不发生变化。

叠加：对颜色进行正片叠底或过滤，具体取决于基色。图案或颜色在现有像素上叠加，同时保留基色的明暗对比。不替换基色，但基色与混合色相混以反映原色的亮度或暗度。

柔光：使颜色变暗或变亮，具体取决于混合色。此效果与发散的聚光灯照在图像上相似。如果混合色（光源）比 50% 灰色亮，则图像变亮，就像被减淡了一样。如果混合色（光源）比 50% 灰色暗，则图像变暗，就像被加深了一样。使用纯黑色或纯白色上色，可以产生明显变暗或变亮的区域，但不能生成纯黑色或纯白色。

强光：对颜色进行正片叠底或过滤，具体取决于混合色。此效果与耀眼的聚光灯照在图像上相似。如果混合色(光源)比 50% 灰色亮,则图像变亮,就像过滤后的效果。这对于向图像添加高光非常有用。如果混合色(光源)比 50% 灰色暗,则图像变暗,就像正片叠底后的效果。这对于向图像添加阴影非常有用。用纯黑色或纯白色上色会产生纯黑色或纯白色。

亮光:通过增加或减小对比度来加深或减淡颜色,具体取决于混合色。如果混合色(光源)比 50% 灰色亮,则通过减小对比度使图像变亮。如果混合色比 50% 灰色暗,则通过增加对比度使图像变暗。

线性光:通过减小或增加亮度来加深或减淡颜色,具体取决于混合色。如果混合色(光源)比 50% 灰色亮,则通过增加亮度使图像变亮。如果混合色比 50% 灰色暗,则通过减小亮度使图像变暗。

点光:根据混合色替换颜色。如果混合色(光源)比 50% 灰色亮,则替换比混合色暗的像素,而不改变比混合色亮的像素。如果混合色比 50% 灰色暗,则替换比混合色亮的像素,而比混合色暗的像素保持不变。这对于向图像添加特殊效果非常有用。

实色混合:将混合颜色的红色、绿色和蓝色通道值添加到基色的 RGB 值。如果通道的结果总和大于或等于 255,则值为 255;如果小于 255,则值为 0。因此,所有混合像素的红色、绿色和蓝色通道值要么是 0,要么是 255。此模式会将所有像素更改为主要的加色(红色、绿色或蓝色)、白色或黑色。注意:对于 CMYK 图像,"实色混合"会将所有像素更改为主要的减色(青色、黄色或洋红色)、白色或黑色。最大颜色值为 90。

差值:查看每个通道中的颜色信息,并从基色中减去混合色,或从混合色中减去基色,具体取决于哪一个颜色的亮度值更大。与白色混合将反转基色值,与黑色混合则不产生变化。

排除:创建一种与"差值"模式相似但对比度更低的效果。与白色混合将反转基色值,与黑色混合则不发生变化。

减去:查看每个通道中的颜色信息,并从基色中减去混合色。在 8 位图像和 16 位图像中,任何生成的负片值都会减为零。

划分:查看每个通道中的颜色信息,并从基色中划分混合色。

色相:用基色的明亮度和饱和度以及混合色的色相创建结果色。

饱和度:用基色的明亮度和色相以及混合色的饱和度创建结果色。在无 (0) 饱和度(灰度)区域上用此模式绘画不会产生任何变化。

颜色:用基色的明亮度以及混合色的色相和饱和度创建结果色。这样可以保留图像中的灰阶,并且对于给单色图像上色和给彩色图像着色都会非常有用。

明度:用基色的色相和饱和度以及混合色的明亮度创建结果色。此模式创建与"颜色"模式相反的效果。

浅色:比较混合色和基色的所有通道值的总和并显示值较大的颜色。"浅色"不会生成第三种颜色(可以通过"变亮"混合获得),因为它将从基色和混合色中选取最大的通道值来创建结果色。

深色:比较混合色和基色的所有通道值的总和,并显示值较小的颜色。"深色"不会生成第三种颜色(可以通过"变暗"混合获得),因为它将从基色和混合色中选取最小的通道值来创建结果色。

图 9 - 40 所示示例显示了使用一些混合模式的图像效果。

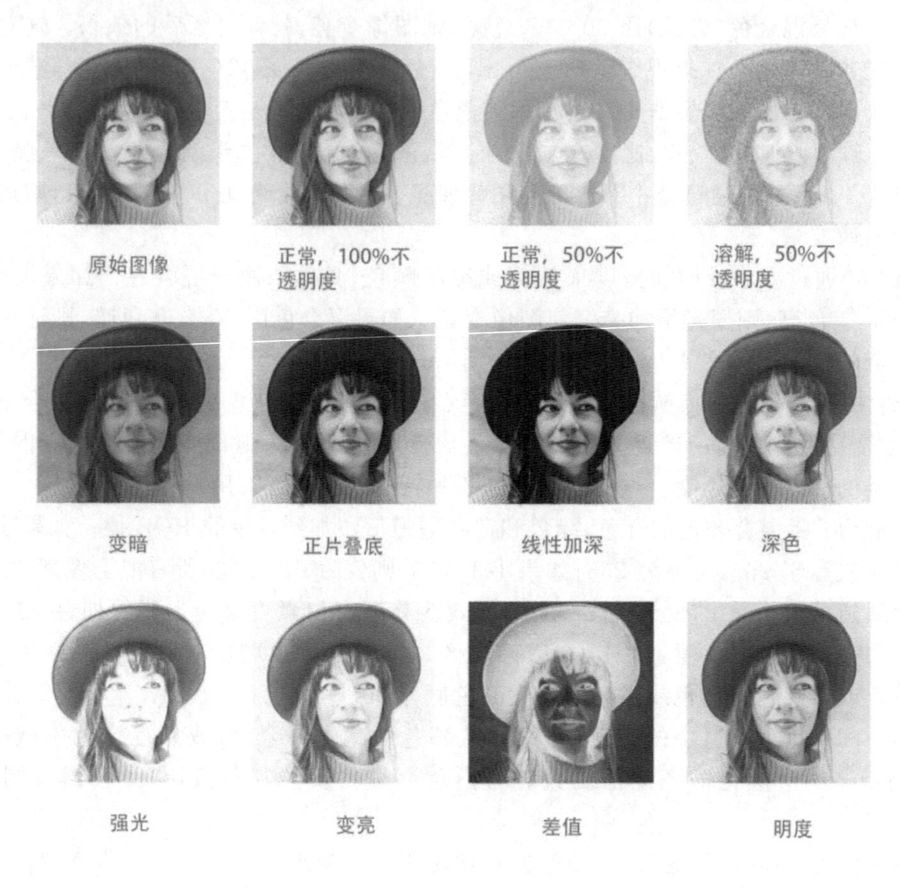

图 9 - 40

技能点拨： 仅“正常”“溶解”“变暗”“正片叠底”“变亮”“线性减淡(添加)”“差值”“色相”“饱和度”“颜色”“明度”“浅色”和“深色”混合模式适用于 32 位图像。

9.6 设计实例

制作复古的剪纸风格其实非常简单，也是常用且流行的风格，可以给作品增添一些活力。利用图层样式和蒙版功能能够很好地做出剪纸的风格。

纸质复古卡片制作步骤如下：

① 新建画布。可根据自己需要选择画布的大小，本例选择 PS 自带的海报尺寸，如图 9 - 41 所示。

② 利用填充工具对背景填色，如图 9 - 42 所示。

③ 根据自己的构思，画出基本的图形，并上好颜色。制作剪纸风格的作品一定要注意前后的空间关系，并且每个图层一定要命名，如图 9 - 43 所示。

④ 开始分别对每个图层添加图层样式，使用“投影”“渐变叠加”“高光阴影”等样式改变图层的明暗变化。在添加“渐变叠加”时，可以通过 HSB 调整色相、饱和度、明度，如图 9 - 44 所示。

新建文档
最近使用项
已保存
照片
打印
图稿和插图
Web
移动设备
胶片和视频
让我们开始尝试新事物吧。
从您自己的文档设置或一系列文档预设开始以快速开始工作。
您最近使用的项目 (2)
海报
18 x 24 英寸 @ 300 ppi
默认 Photoshop 大小
16 x 12 厘米 @ 300 ppi
预设详细信息
未标题-1
宽度
18
英寸
高度
方向
画板
24
分辨率
300
像素/英寸
颜色模式
RGB 颜色
8 位
背景内容
白色
高级选项
前往
创建
关闭

图 9－41

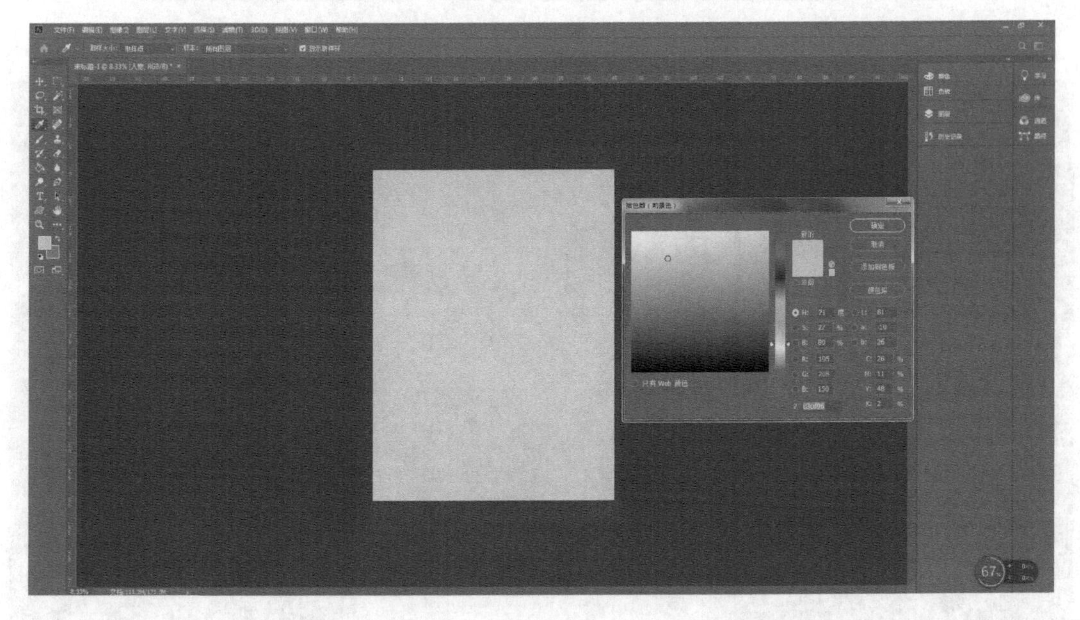

图 9－42

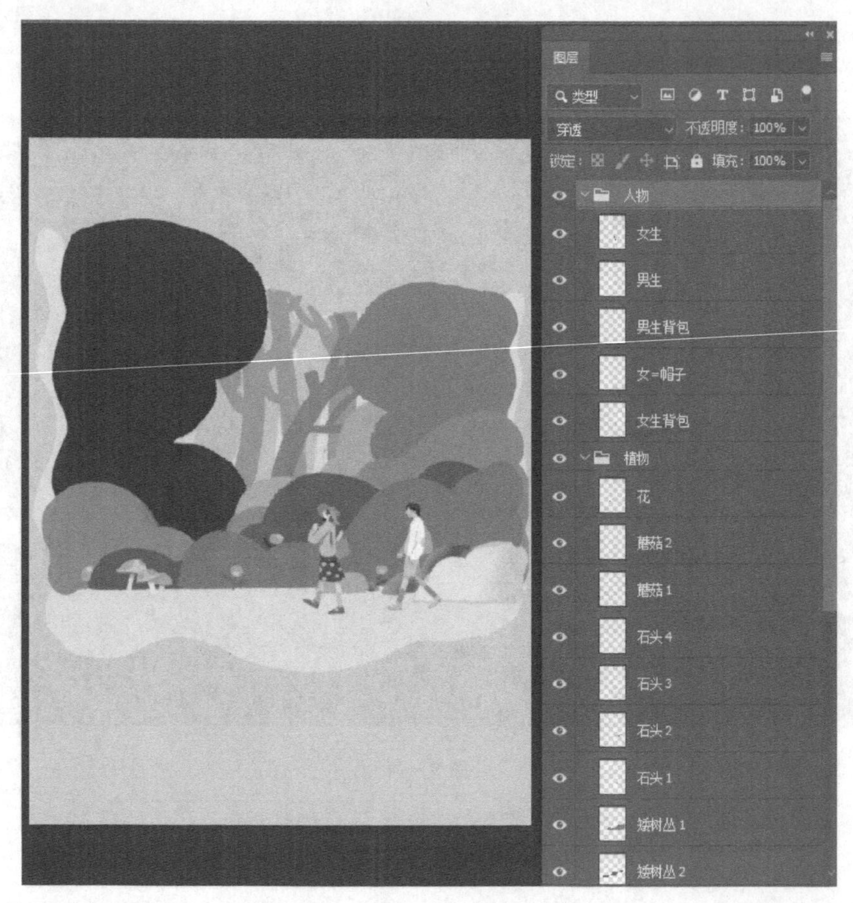
图层
类型
穿透
不透明度：100%
锁定：
填充：100%
人物
女生
男生
男生背包
女=帽子
女生背包
植物
花
蘑菇2
蘑菇1
石头4
石头3
石头2
石头1
矮树丛1
矮树丛2

图 9－43

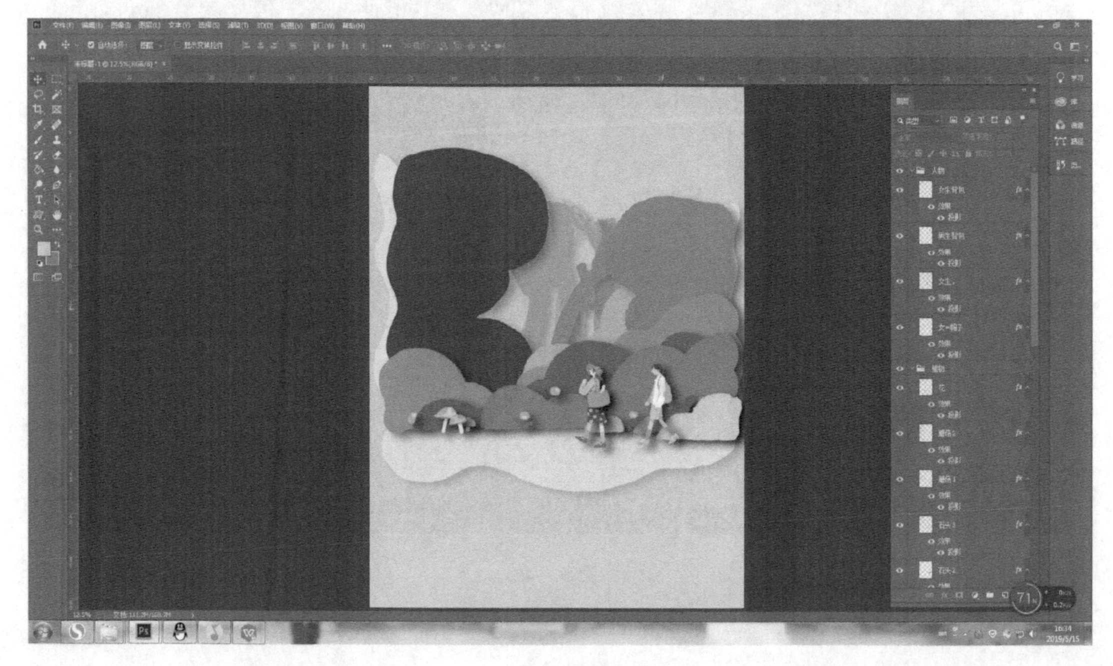

图 9－44

注意：每个图层根据空间关系、距离远近，其投影的大小以及扩散都不一样，需要设计者根据物体的前后距离进行强弱的调整，一般投影的不透明度都是呈递增或递减的方式进行设置。本例是以递减的方式进行的，如图 9－45～图 9－48 所示。

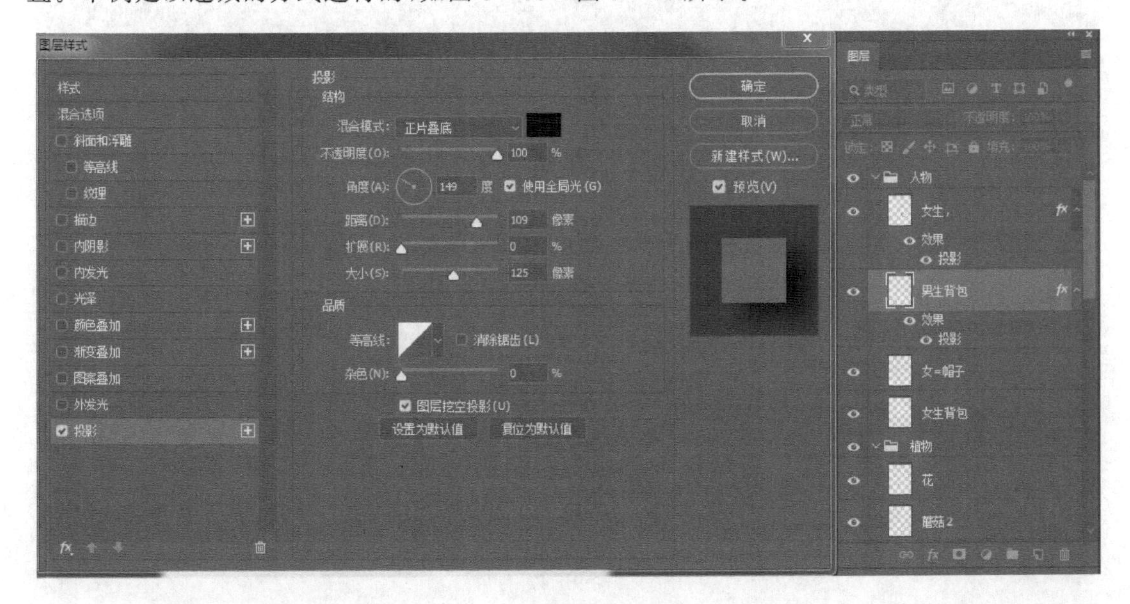

图 9－45

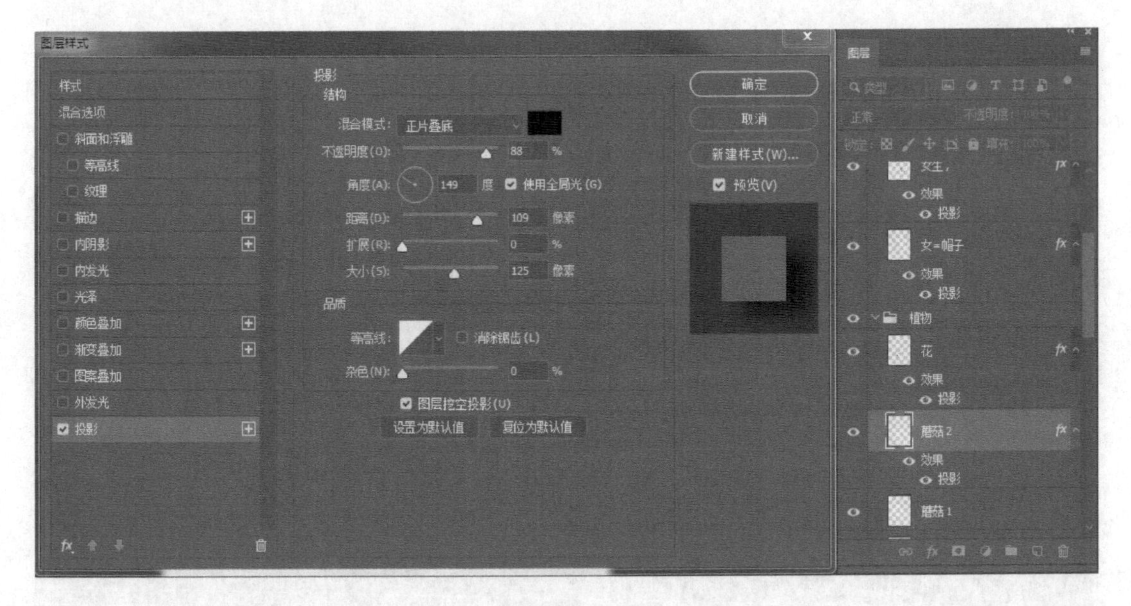

图 9－46

⑤ 再给每个图层添加“投影”图层样式加强画面的光影效果。

⑥ 给画面增加质感，导入纸质素材到 Photoshop 中，如图 9－49 所示。

⑦ 对纸质素材图层添加剪贴蒙版并调整为混合模式为正片叠底。这时候需要调整图层的不透明度，如图 9－50 所示。

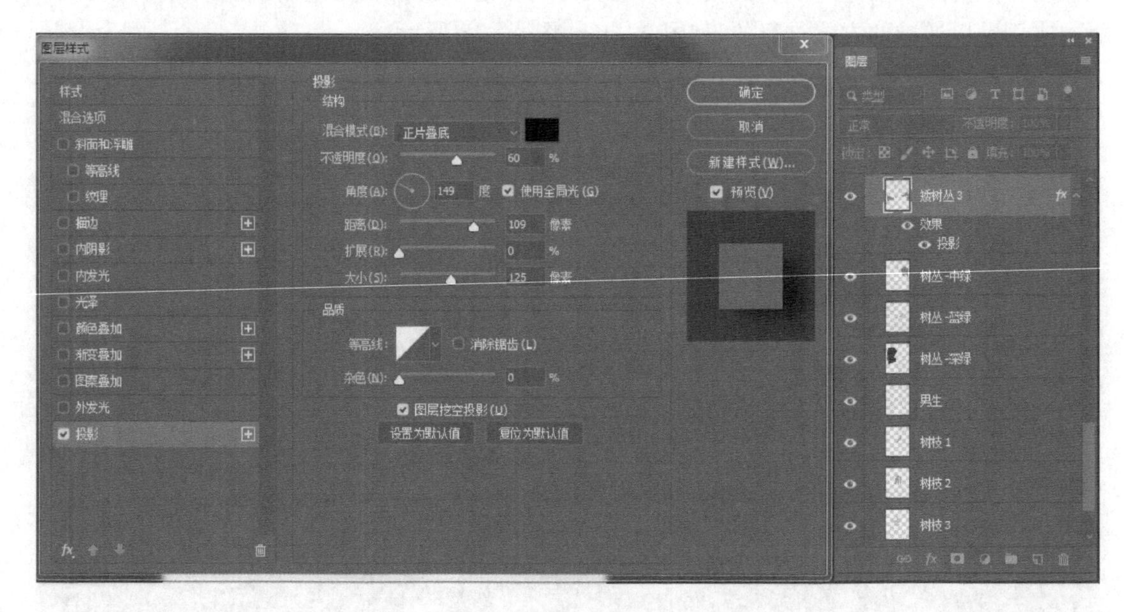
图层样式
样式
混合选项
斜面和浮雕
等高线
纹理
描边
内阴影
内发光
光泽
颜色叠加
渐变叠加
图案叠加
外发光
投影
投影
结构
混合模式(B): 正片叠底
不透明度(O): 60 %
角度(A): 149 度 使用全局光(G)
距离(D): 109 像素
扩展(R): 0 %
大小(S): 125 像素
品质
等高线: 消除锯齿(L)
杂色(N): 0 %
图层挖空投影(U)
设置为默认值 复位为默认值
确定
取消
新建样式(W)...
预览(V)
图层
正常
不透明度: 100%
锁定:
填充: 100%
树丛3
效果
投影
树丛-中绿
树丛-蓝绿
树丛-深绿
男生
树枝1
树枝2
树枝3

图 9-47

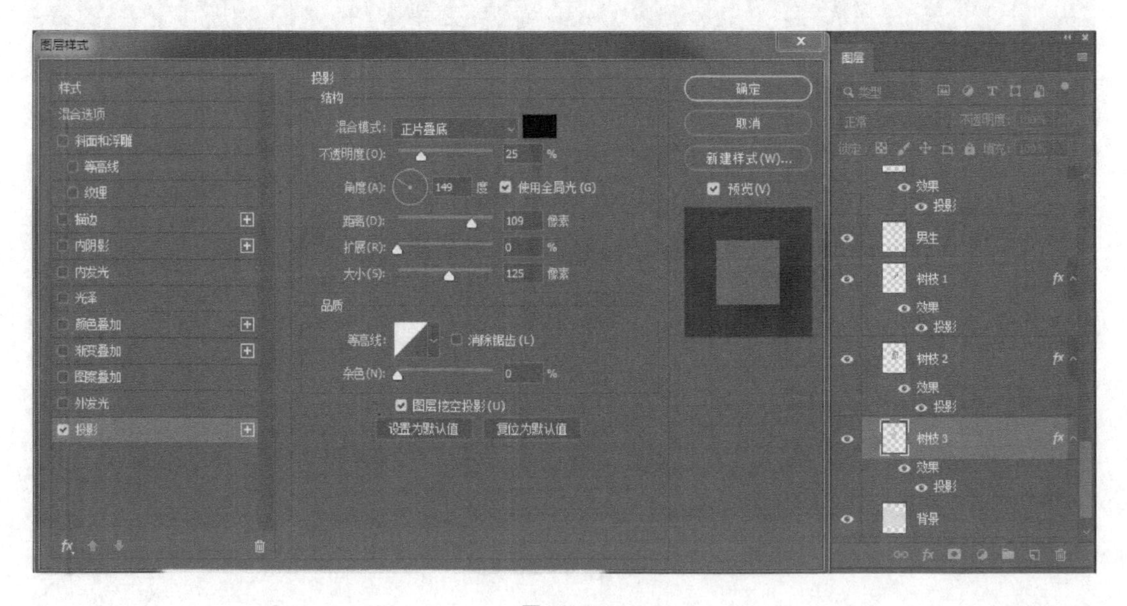
图层样式
样式
混合选项
斜面和浮雕
等高线
纹理
描边
内阴影
内发光
光泽
颜色叠加
渐变叠加
图案叠加
外发光
投影
投影
结构
混合模式: 正片叠底
不透明度(O): 25 %
角度(A): 149 度 使用全局光(G)
距离(D): 109 像素
扩展(R): 0 %
大小(S): 125 像素
品质
等高线: 消除锯齿(L)
杂色(N): 0 %
图层挖空投影(U)
设置为默认值 复位为默认值
确定
取消
新建样式(W)...
预览(V)
图层
正常
不透明度: 100%
锁定:
填充: 100%
效果
投影
男生
树枝1
效果
投影
树枝2
效果
投影
树枝3
效果
投影
背景

图 9-48

图 9－49

图 9－50

⑧ 在添加调整图层，用“曲线”调整亮度对比度，然后再用“色相饱和度”等调整方式对纸纹进行细微调整，如图 9－51 所示。

⑨ 完成基本效果，进行保存。一般保存源文件.psd 文件以及图片显示格式.jpg，效果如图 9－52 所示。

图层
类型
柔光
不透明度：36%
锁定：
填充：100%
纸纹 拷贝
智能滤镜
亮度/对比度
曲线
高斯模糊
色相/饱和度
色相/饱和度
纸纹
人物
女生背包
效果
投影
男生背包

图 9－51

图 9－52

第 10 章　图像色彩调整

Photoshop 最神奇的功能在于对图像色彩的调整。正是这个特点，使它成为当今图像处理软件的霸主，尝试一下就会发现 Photoshop 的色彩调整能力让你吃惊。无论是黑白照片转换为彩色照片，还是艳丽的照片变成抽象艺术的版画，这一切都要归功于 Photoshop 有一套完整的色彩调整工具，如图 10－1 所示。Photoshop 的色彩调整工具都集中在“图像”→“调整”菜单下。

通过本章的学习，我们可充分体会到 Photoshop 魔术般的色彩调节能力给我们的创作带来的乐趣。

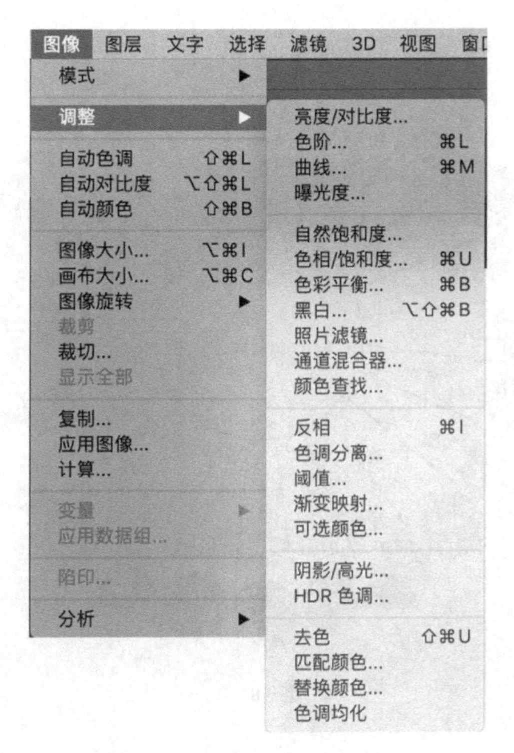

图 10－1

10.1　色彩理论基础

人眼看到的各种色彩现象都具有色相、明度、纯度三种属性。对色彩三要素的理解和掌握，是认识色彩的基础。只有熟悉色彩三要素的特征，才能感受它们在不同量和秩序中所呈现出来的效果，才能掌握色彩的规律并将其应用于日常的创作中。

在油彩系列中，人们能够区分出红、橙、黄、绿、蓝、紫等色彩。这些色彩特征是由不同波长的可见光决定的。人们用不同的名称来定义这些不同的视觉感觉。当提到某一种颜色的名称时，如“红色”，人们的头脑中就会浮现出这种颜色的样子来，这就是色相的概念。

任何一种颜色都有自己的明暗特征。从光谱色上可以看到最明亮的颜色是黄色，处于光谱的中心位置。最暗的颜色是紫色，处于光谱的边缘。一个物体表面的光反射率越大，人的视觉感受就越强，看上去就越亮，这一颜色的明度就越高，因此明度表示的是颜色的明暗特征。由于明度不等，不同颜色对视觉的刺激程度也不一样，因此明度涉及色彩“量”方面的特征。色相由于脱离了明度是无法显现的。

纯度指的是颜色的纯净程度。同一种色相，有时看上去很鲜艳，有时看上去又不那么鲜艳。不同色相的明度不同，纯度也不相同。红色是纯度最高的色相，蓝绿是纯度最低的色相。在观察中最纯的红色比最纯的蓝绿色看上去更加鲜艳。在日常的视觉范围中眼睛看到的色彩绝大部分含有灰色，也就是不饱和的颜色，正因为有了纯度上的变化，才使得世界上有了如此丰富的色彩。

图 10－2 所示为 24 色色环图。

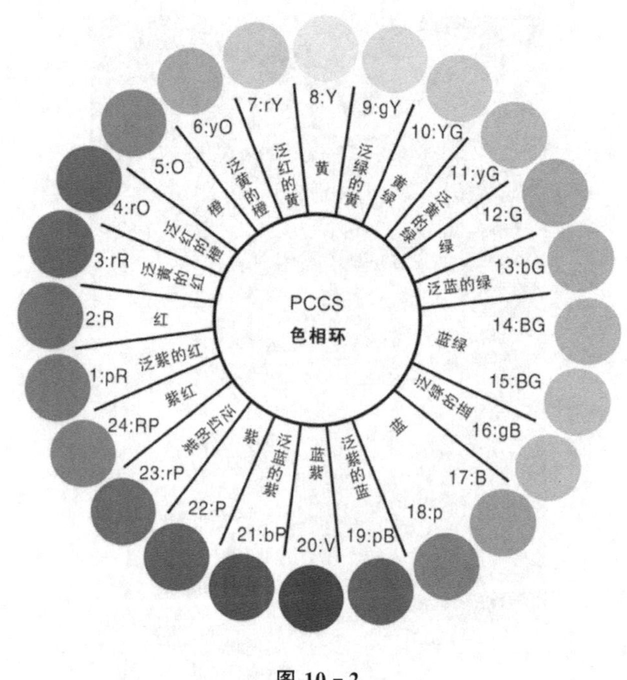

图 10－2

10.2 图像明暗的调整

10.2.1 色阶调节

色阶是根据图像中每个亮度值(0～255)处的像素点的多少进行区分的。选择“图像”→“调整”→“色阶”菜单命令，弹出如图 10－3 所示色阶调整对话框，右面的白色三角形滑块控制图像的深色部分，左面的黑色三角形滑块控制图像的浅色部分，中间那个灰色三角形滑块则控制图像的中间色。移动滑块可以使通道中(被选择的通道)最暗和最亮的像素分别转变为黑色和白色，以调整图像的色调范围，因此可以利用它调整图像的对比度：将左边的黑色三角形滑块向右移，图像颜色变深，对比变弱(右边的白色三角形滑块向左移，图像颜色变浅，对比也会变弱)。两个滑块各自处于色阶图两端则表示高光和暗部。至于中间的灰色三角形滑块,用来衡量图像中间色调的对比度。将灰色三角形滑块向右移动,可以使中间色调变暗,向左移动则可使中间色调变亮。

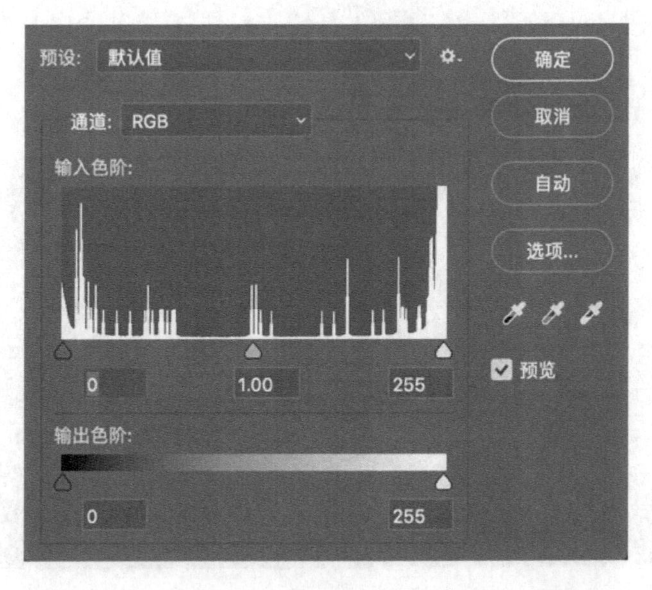

图 10-3

预设值中有对色阶几种模式的固定调整,如图 10-4 所示。"通道"下拉列表中的各个选项如图 10-5 所示,可以分别对复合通道或者单色通道进行调整。

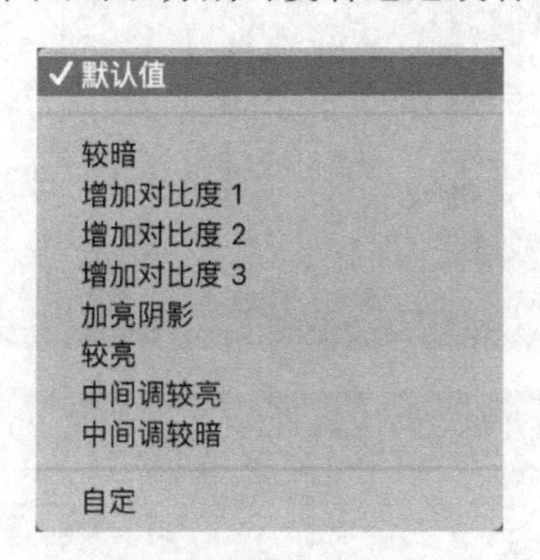

图 10-4

图 10-5

输出色阶可以用数值控制,也可以用滑块控制。它有两个滑块:一个是黑色的,另一个是白色的。黑色三角形滑块控制图像暗部的对比度,白色三角形滑块控制图像亮部的对比度。下面通过一个例子来说明。

① 选择一幅图,打开"色阶"对话框。

② 单击预览复选框,可以随时看到图像的变化。

③ 左边滑块向中心移动,图像将变亮,如图 10-6 所示;右边滑块向中心移动则图像将变暗,如图 10-7 所示。

④ 单击"确定"按钮,完成调整。

中国航天
色阶
预设: 自定
确定
通道: RGB
取消
输入色阶:
自动
选项...
预览
0
1.00
255
输出色阶:
131
255

图 10 - 6

中国航天

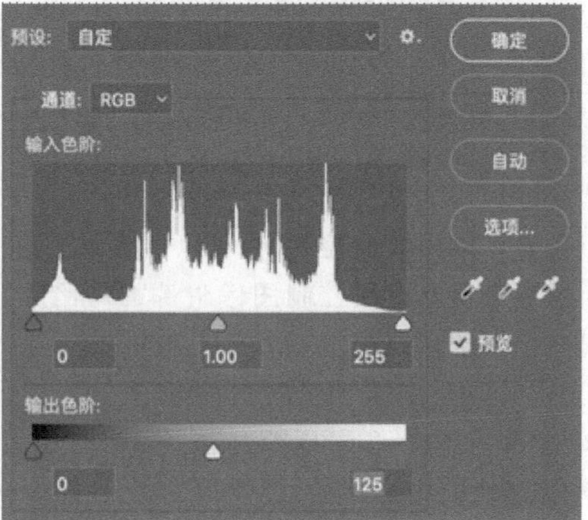
预设: 自定
确定
通道: RGB
取消
输入色阶:
自动
选项...
预览
0
1.00
255
输出色阶:
0
125

图 10 - 7

10.2.2　曲线调节

曲线调节对话框如图 10－8 所示，其中“通道”下拉列表中的选项和色阶中的相同（参见图 10－5），可以通过对通道进行选择，使用方法也与色阶调节一样。当打开曲线色彩调整对话框时，曲线图中的曲线处于默认的“直线”状态。曲线图有水平轴和垂直轴，水平轴表示图像原来的亮度值，相当于色阶对话框中的输入项；垂直轴表示新的亮度值，相当于色阶对话框中的输出项。预设值中有对曲线几种模式的固定调节，如图 10－9 所示。

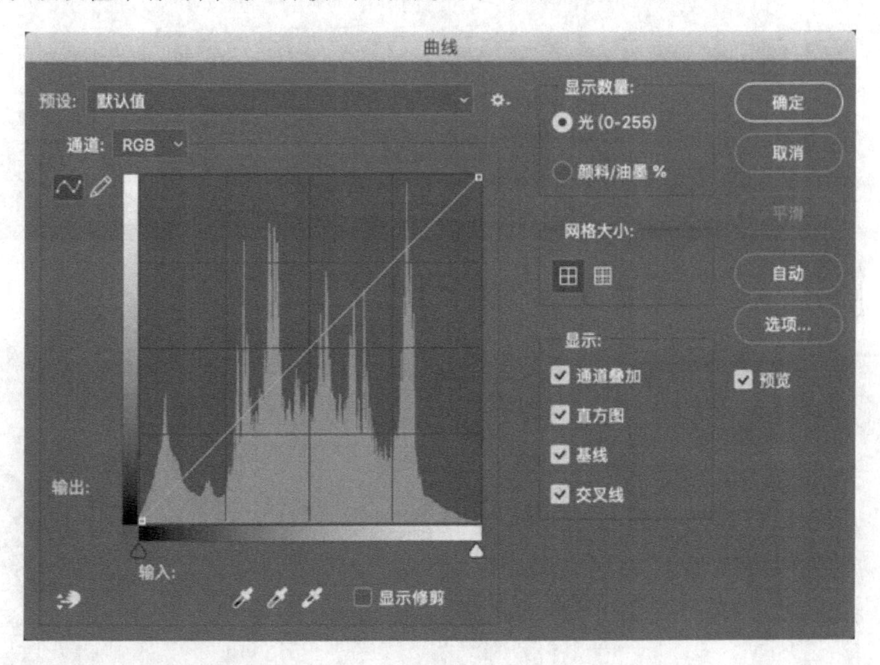

图 10－8

水平轴和垂直轴之间的关系可以通过调节对角线（曲线）来控制。

图 10－9

1. 曲线右、左角端点的移动与图像亮度

曲线右上角的端点向左移动，增加图像亮部的对比度，使图像变亮；端点向下移动，所得结果相反。曲线左下角的端点向右移动，增加暗部的对比度，使图像变暗，端点向上移动，所得结果相反。图 10－10 所示为增强图像明暗对比度的效果。

2. 鼠标、曲线与亮点的互动

① 将鼠标指针移到曲线上单击，就可以增加节点。曲线斜度就是它的灰度系数。如果在曲线的中点处添加一个调节点，并向上移动，则会使图像变亮。向下移动这个调节点，就会使图像变暗，实际是调整曲线的灰度系数值，这和色阶对话框中灰色三角形滑块向右拖动降低灰度色阶，向左拖动提高灰度色阶一样。另外，也可以通过输入和输出的数值框控制，如图 10－11 所示。

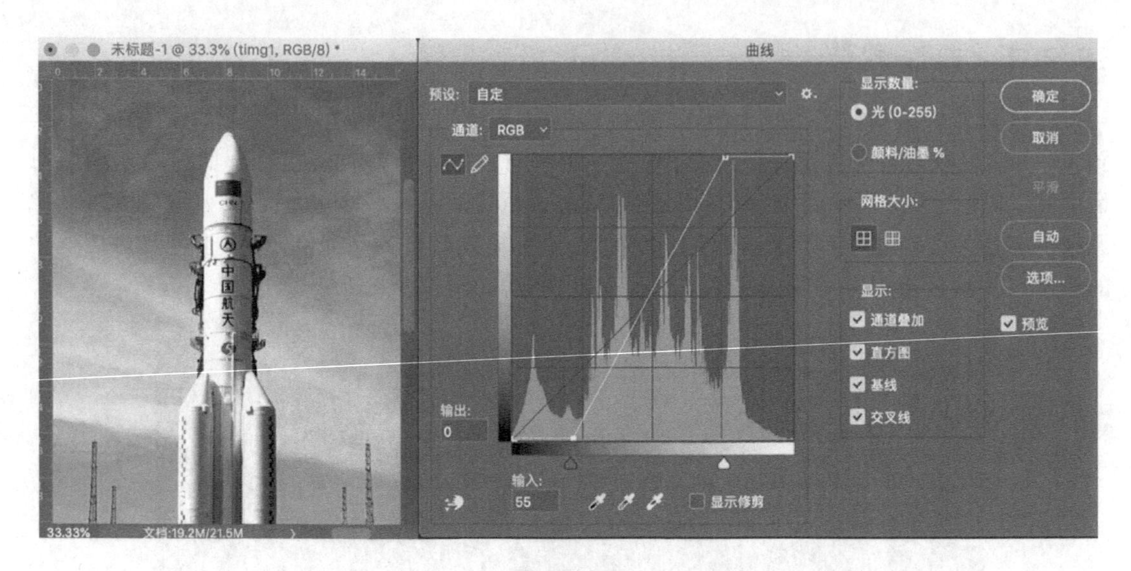

图 10 - 10

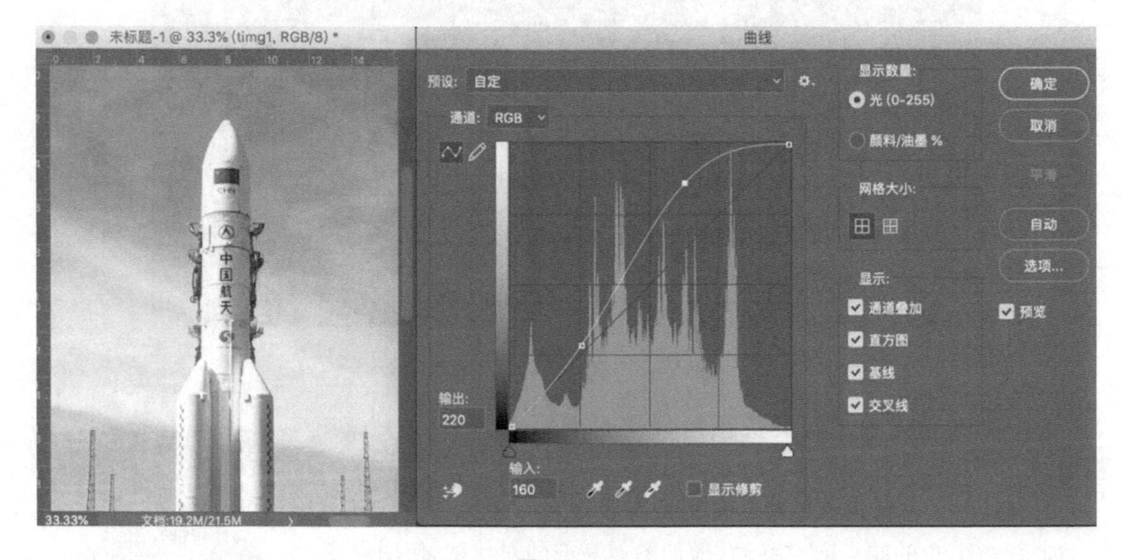

图 10 - 11

② 如果想调整图像的中间色调，并且不希望调节时影响图像亮部和暗部的效果，就得先在曲线的 1/4 和 3/4 处增加调节点，然后对中间色调进行调整。

3. 通过绘制曲线来完成色调的调整

① 选中曲线图表右下方的铅笔选项，在曲线图表中任意拖动鼠标指针，就能画出一条曲线来。当鼠标指针移动到曲线图表中时会变成一个铅笔图标，按下 Shift 键，同时在图表中单击，线条被强制约束成一条直线，如图 10 - 12 所示。

② 分别打开一幅 RGB 色彩模式和 CMYK 色彩模式的图像，在两种模式下比较曲线对话框，如图 10 - 13、图 10 - 14 所示。

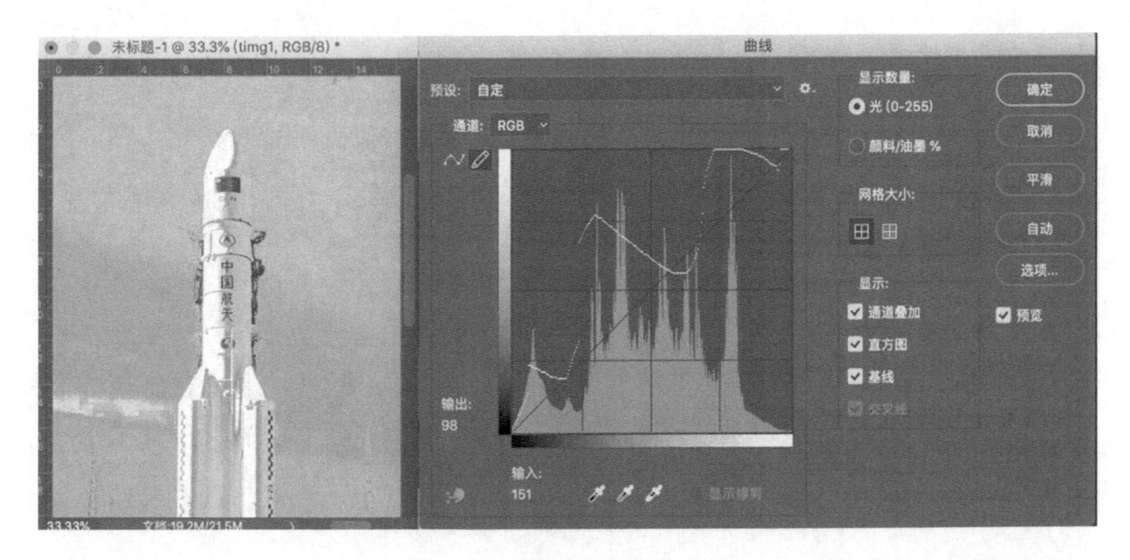

图 10 - 12

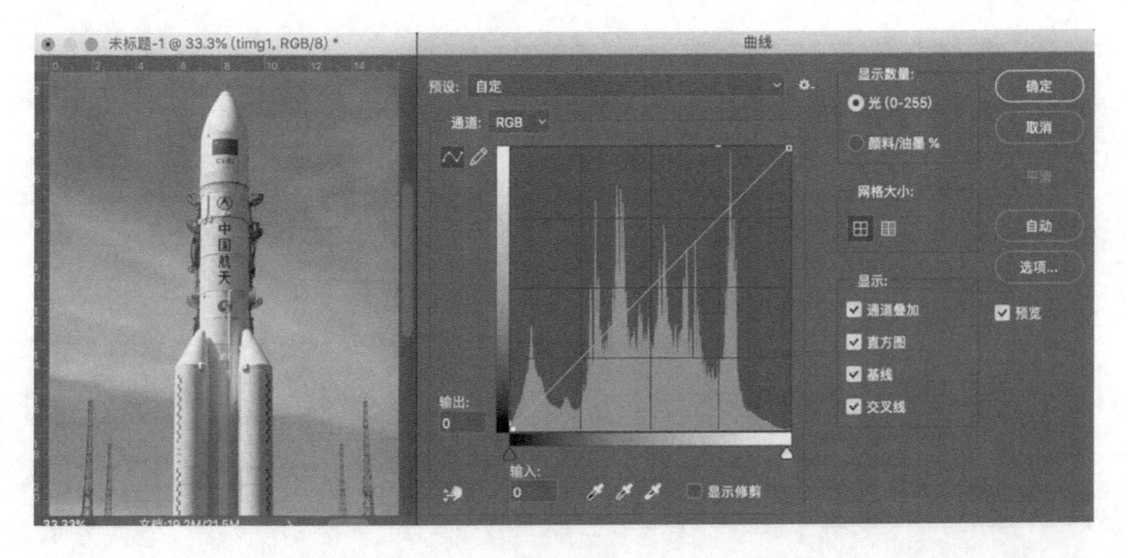

图 10 - 13

在图 10 - 11 中的 RGB 色彩模式下曲线显示的亮度值范围为 0～250。左面代表图像的暗部(最左边值为 0,即黑色),右面代表图像的亮部(最右边值为 255,即白色),曲线后面的方格相当于坐标,每个方格代表 64 个像素。

在图 10 - 14 中的 CMYK 模式下“曲线“范围为 0～100%(百分数),曲线左边代表图像的亮部(最左边取值为 0),曲线右边代表图像的暗部(最右边取值为 100%),每个方格为 25%。

③ 在曲线上单击鼠标左键,会增加一个调节点(最多可增加到 14 个调节点)。拖动调节点,就可以调节图像的色彩了,将一个调节点拖出图表或选择一个调节点后按 Delete 键就可以将其删除。用鼠标拖动曲线的端点或调节点,直到图像效果满意为止。

④ 单击“确定”按钮完成,如图 10 - 15 所示。

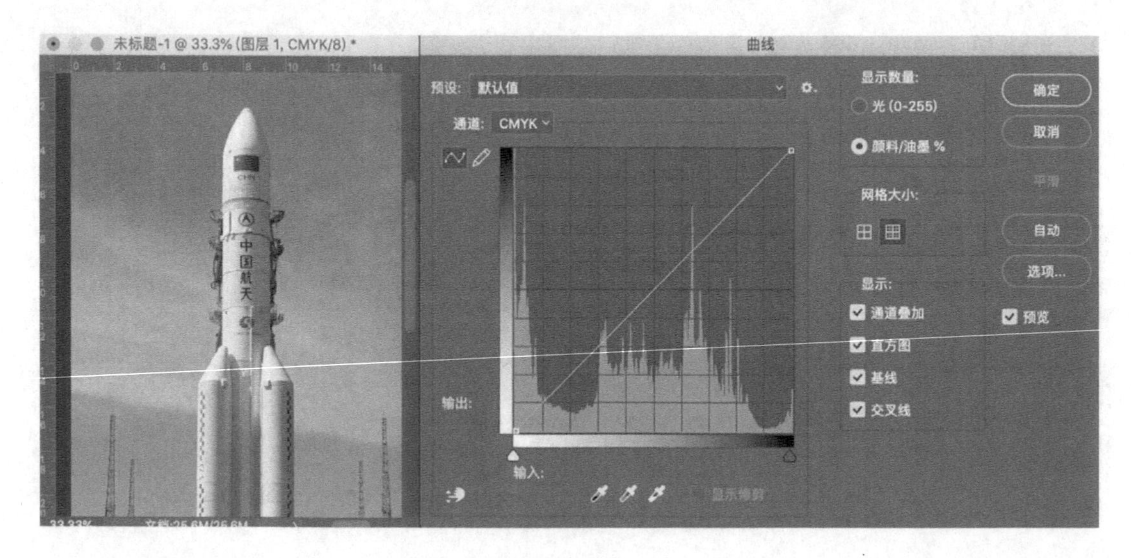

图 10－14

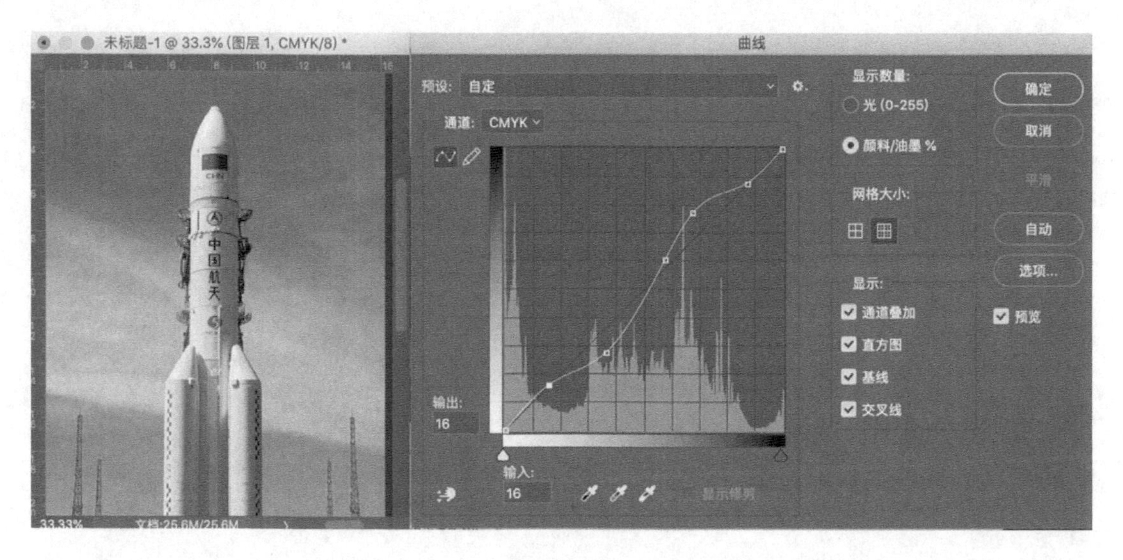

图 10－15

10.2.3 亮度/对比度调节

“亮度/对比度”命令和前面几个命令一样，主要用来调节图像的亮度和对比度。在家里调节电视的亮度、对比度，也可以利用这个选项对图像的色调范围进行调节。获取图像(扫描图像)后，若图像比较灰暗，可以用到亮度/对比度命令(如图 10－16 所示)，拖动对话框中三角形滑块就可以调整亮度和对比度：向左拖动时，图像亮度和对比度降低；向右拖动时，则亮度和对比度增加。每个滑块的数值显示有亮度或对比度的值，范围为 0～100，调整至合适后，单击“确

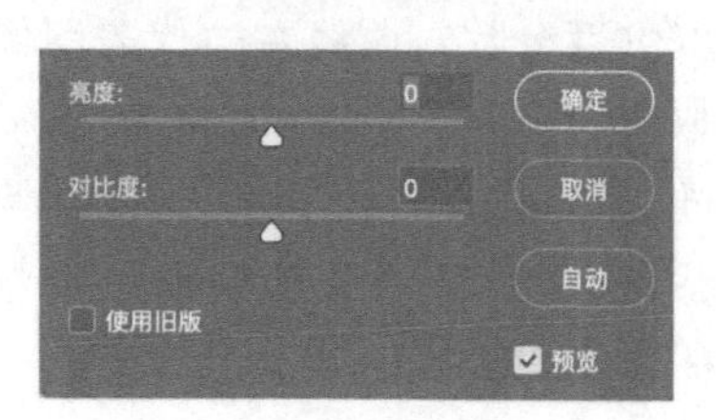

图 10－16

定”按钮完成，如图 10－17 所示。

图 10－17

10.3　图像颜色调节

10.3.1　色相/饱和度调节

“色相/饱和度”命令可以调整图中单个颜色成分的色相、饱和度和亮度，功能非常强大。

“色相/饱和度”对话框如图 10－18 所示。对话框的底端显示出两个颜色条，它们代表颜色在色条上的位置。上面的颜色条显示调整前的颜色，下面的颜色条显示调整后影响所有色相。

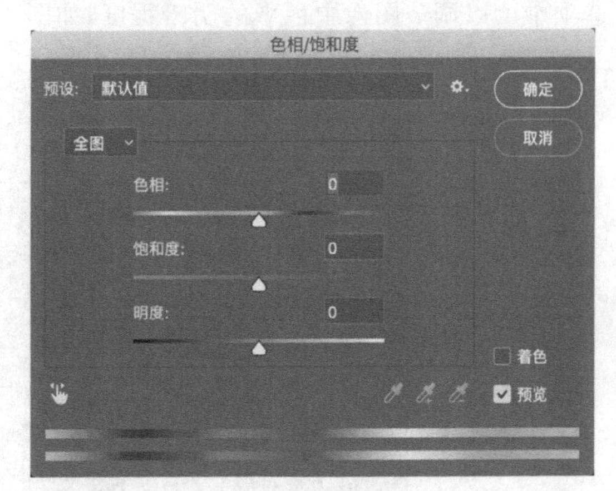

图 10－18

在编辑选项栏菜单中选择调整的颜色范围。默认选择为“全图”时可调整所有颜色，如选择其色彩范围则针对单个颜色进行修改。如果选择其他颜色范围，对话框底端的两个颜色条之间会出现一个调整范围，可以用这个调整范围来编辑色彩。确定好调整范围之后，就可以利用三角形滑块调整对话框中的色相、饱和度和亮度数值，这时图像中的色彩就会随滑块的移动而变化，如图 10－19 所示。

“色相”栏中的文本框所显示的数值反映颜色条中从图像原来的颜色旋转后的度数，正值表示顺时针旋转，负值表示逆时针旋转，范围在±180 之间。

“饱和度”栏中的数值越大说明色彩饱和度越高，反映的是从颜色条中心处向左右两端移动或从左右两端向中心移动后的颜色与原有颜色的饱和度对比。数值范围在±100 之间。

“亮度”栏中的数值越大，亮度越高，反之越低。数值范围在±100 之间。

上述操作是对整个图像的色相、饱和度、明度所做的调整控制。如果事先选择了图像的局部区域，那么在操作中就会只对这个区域中的图像进行处理。利用该功能可以调整出具有特

图 10－19

殊效果的图像。

在“色相/饱和度”对话框右下角有个“着色”选项，如果选中这个选项，图像就可以变成单色调节功能，在“色相”选项中可以选择色彩，在“饱和度”选项中可以调节色彩的饱和度，在“明度”选项中可以调节图像中色彩的明暗程度，如图 10－20 所示。

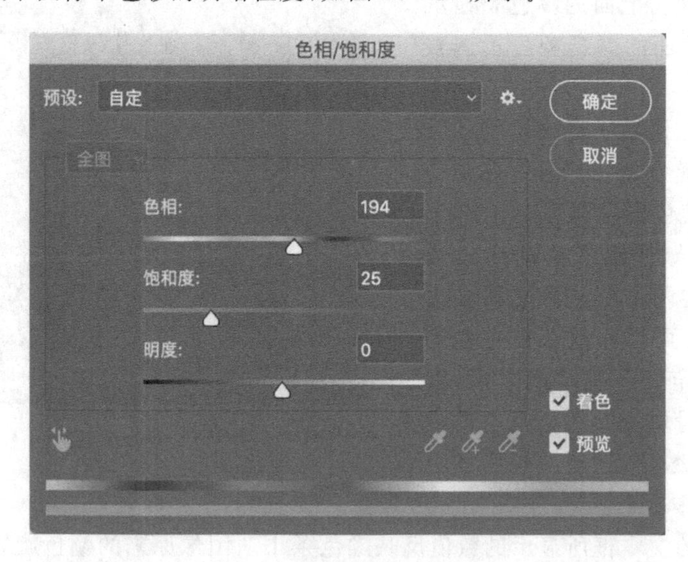

图 10－20

10.3.2 色彩平衡调节

“色彩平衡”对话框如图 10－21 所示。通过它能进行一般性的色彩校正，可以改变图像颜色的构成，但不能精确控制单个颜色成分（单色通道），只能作用于复合颜色通道。

首先，在色调平衡范围选项栏中选择想要重新进行更改的色调范围，其中包括暗调区、中

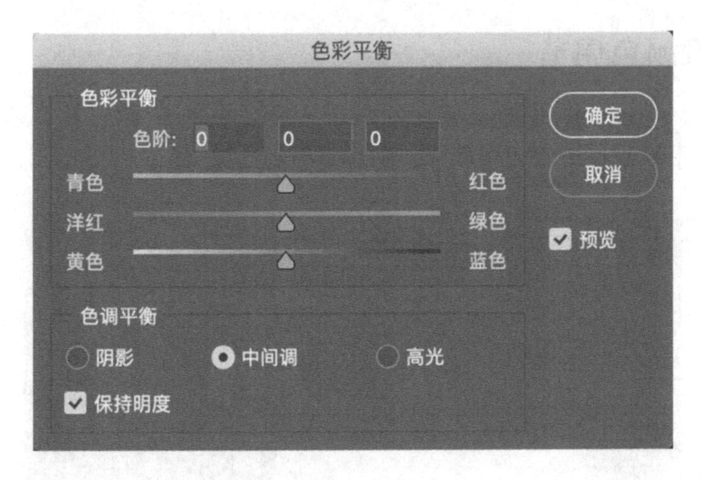

图 10 - 21

间色调区域以及高光区域。选项栏下方的“保持明度”选项可保持图像中的色调平衡。通常，调整 RGB 色彩模式的图像时为了保持图像的亮度值，都要将此选项选中。

该对话框的主要部分是“色调平衡”，通过在这里的数值框输入数值或移动三角形滑块实现。三角形滑块移向需要增加的颜色，或是拖离想要减少的颜色，就可以改变图像中的颜色组成(增加滑块接近的颜色，减少远离的颜色)；与此同时，颜色条旁边的三个数据框中的数值会不断变化(出现相应数值，三个数值框分别表示 R、G、B 通道的颜色变化。如果是 Lab 色彩模式，则这三个值代表 a 和 b 通道的颜色)。将色彩调整到满意，按“确定”按钮就行了。

以调整旧照片效果为例：打开一张 RGB 色彩模式的图片，首先选择“图像”→“模式”→“灰度”命令，将图像中的色彩信息去掉，然后选择“图像”→“模式”→“RGB 模式”命令，将灰度模式的图像转换为 RGB 模式的文件，最后通过色彩平衡命令，对图像进行调节，如图 10 - 22 所示。

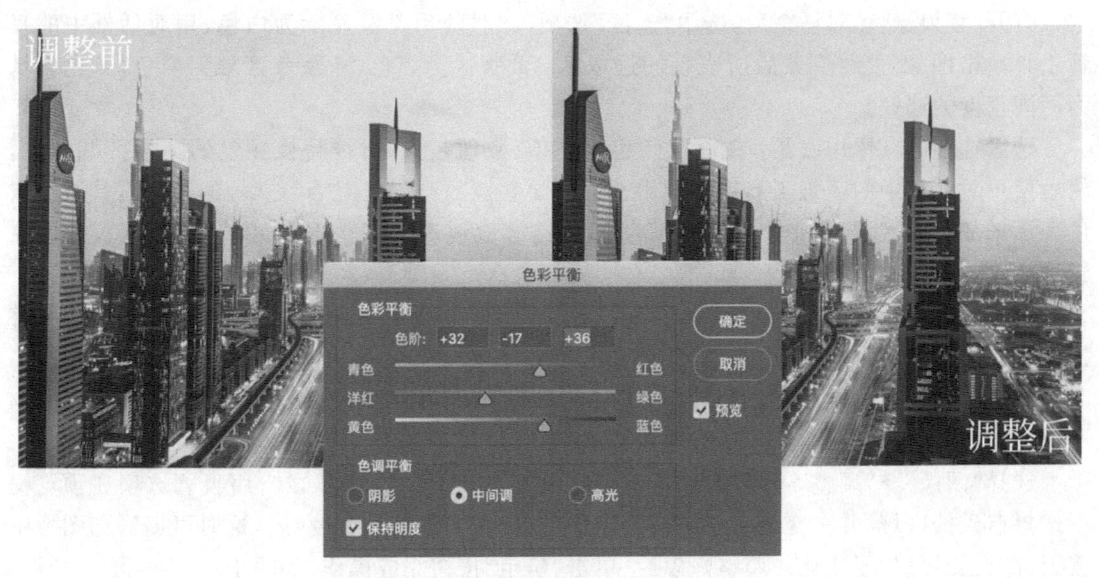

图 10 - 22

10.3.3 替换颜色调节

"替换颜色"命令的作用是替换图像中某个区域的颜色,在图像中基于某种特定的颜色来创建临时的蒙版,用来调整图像的色相、饱和度和明度值,如图 10-23 所示。

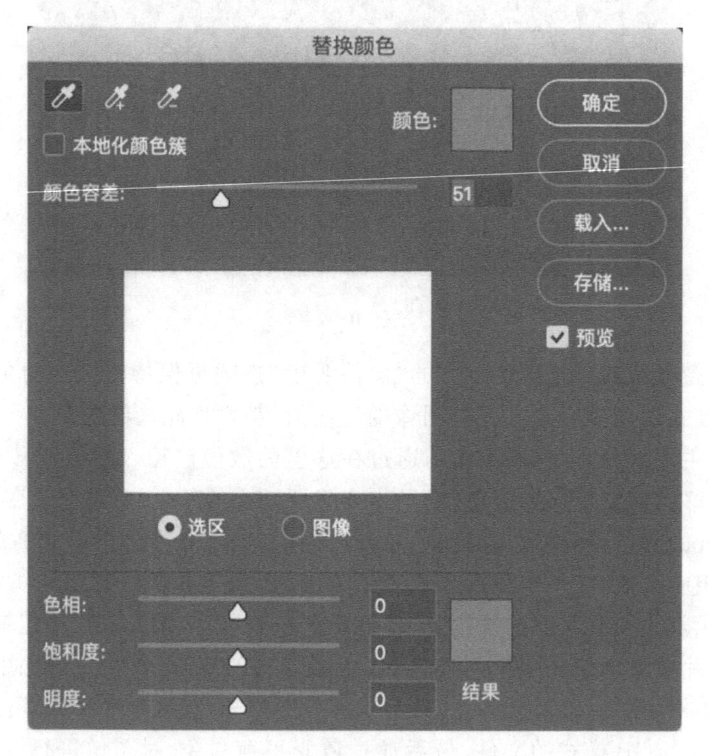

图 10-23

打开"替换颜色"对话框后,选中"选区"选项,此时的预览框显示为白色,用对话框中的吸管工具单击图像,能得到蒙版所表现的选取区:蒙版区为黑色,非蒙版区域为白色,灰色区域为不同程度的选区。

选区选项的具体用法是:先设定颜色容差值,数值越大,可被替换颜色的图像区域越大,然后使用对话框中的吸管工具在图像中选取需要替换的颜色。用带"+"号的吸管工具边续取色表示增加选取区域,用带"-"号的吸管工具连续取色表示减少选取区域,也可以直接按住 Shift 键增加或按 Alt 键减少。

设定好需要替换的颜色区域后,在变换栏中移动三角形滑块对色相、饱和度和亮度进行替换,最后单击"确定"按钮完成。

下面通过举例来具体说明替换颜色的使用,即把图像中的天空色彩进行变化,如图 10-24 所示。

选择"图像"→"调整"→"替换颜色"命令,设置选区的容差值为 120,用吸管选项在预览框中选择蓝天的区域,并在变化命令中调节图像的色相、饱和度和明度等。这时可以看到图像中蓝天部分已经发生了变化。调整好以后,单击"确定"按钮完成操作,如图 10-25 所示。

未标题-1 @ 50% (architectural-design-architecture-bridge-2403251, RGB/8) *
50%
文档:22.0M/24.8M

图 10－24

未标题-1 @ 50% (architectural-design-architecture-bridge-2403251, RGB/8) *
替换颜色
颜色:
确定
取消
载入...
存储...
本地化颜色簇
颜色容差:
78
预览
选区
图像
色相:
+156
饱和度:
+88
明度:
-47
结果
图层 0
50%
文档:22.0M/24.8M

图 10－25

10.3.4 反相、色调均化、阈值、色调分离调节

1. 反相调节

“反相”命令能对图像进行反相处理，就像摄影胶片的负片一样。运用这个命令可以将图像转化为负片，或将负片转换为图像。“反相”命令没有对话框，执行时通道中每个像素的亮度值会被直接转换为颜色刻度上的相反值，其他的中间像素值取其对应值，如图 10－26 所示。

VS

图 10－26

2. 色调均化调节

“色调均化”命令能重新分配图像中各像素的亮度值，最暗值为黑色(或尽可能相近的颜色)，最亮值为白色，中间像素则均匀分布。如果在图像中选择一个区域，则执行这个命令时，会弹出“色调均化”对话框，如图 10－27 所示。

在对话框内，如果选择色调均化选择区域选项，则命令只作用于所选区域。如果选择整个图像基于选择区域化选项，则参照选区中的像素情况均匀分布图像中的所有像素。

图 10－27

3. 阈值调节

“阈值调节”命令能把彩色或灰阶图像转换为高对比度的黑白图像。可以指定一定的色阶作为阈值，然后执行命令，于是比指定阈值亮的像素会转换为白色，比指定阈值暗的像素会转换为黑色。

阈值对话框如图 10－28 所示。该对话框中的直方图显示当前选区中像素的亮度级。拖动直方图下的三角形滑块到适当位置，也可以在顶部数据框中输入数值，单击“确定”按钮完成，如图 10－29 所示。

4. 色调分离调节

“色调分离”命令是把相近的色彩进行归类整理，加强色彩的对比度，很像套色版画的效果。

“色调分离”对话框如图 10－30 所示。在该对话框中可输入色阶数值，数值越小，分离效果越明显，反之效果不明显。设置好数值后单击“确定”按钮完成。效果对比如图 10－31 所示。

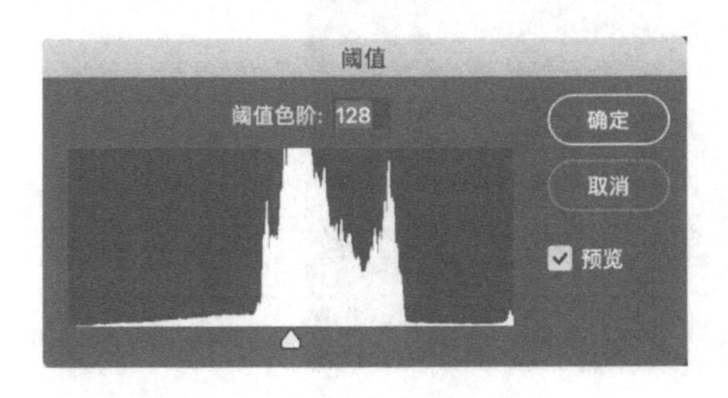

图 10－28

图 10－29

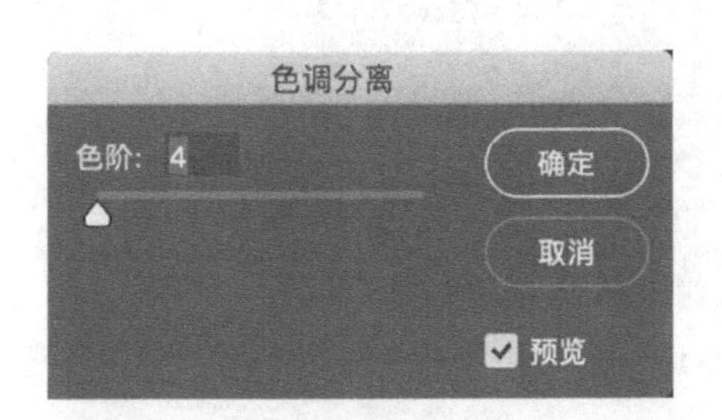

图 10－30

图 10－31

10.3.5　变化色彩调节

在进行变化色彩调节时，直接比较调整前后的图像即可看到显著的变化。

如果在调整的过程中觉得颜色调整有问题而要返回原始图像时，则可以在按住 Alt 键的同时，在对话框中的原始图像上单击鼠标左键，便可将图像返回到原始图像。

10.4　调色实例(匹配颜色)

将一张图片的色盘调进另一张图片里，可以用作统一色调、纠正色彩，甚至使日间风景变成黄昏日落等，也能够为你的照片增添独特的色调。这就是“匹配颜色”命令。

使用“匹配颜色”命令，可以将一个图像(源图像)的颜色与另一个图像(目标图像)的颜色相匹配，如图 10－32 所示。

选择需要变化的图像，然后选择“图像”→“调整”→“匹配颜色”命令，如图 10－33 所示。

在随后弹出的“匹配颜色”对话框(见图 10－34)最下方“源”的下拉菜单中，找到所需颜色的图片，选择图片后出现了可选择的“图层”下拉列表框，可以从要匹配的颜色的源图像中选取图层。如果要匹配源图像中所有图层的颜色，那么选择选择“合并的”命令就可以了。这里因为图像都是单个背景图层，所以“图层”菜单中只能选择“背景”命令。

同时，可以通过调整图像选项中的亮度和颜色强度来调整颜色画面，单击“确定”按钮就可以完成颜色匹配了，如图 10－35 所示。

Photoshop CC 2019 中还有很多其他的色彩调整命令，比如“照片滤镜”“曝光度”“阴影/高光”等，掌握起来比较容易，只要遵循色彩艺术规律，就能使图像的色彩和色调更加完善。

图1
（需要改变颜色的图）

图2
（喜欢的色调）

图 10－32

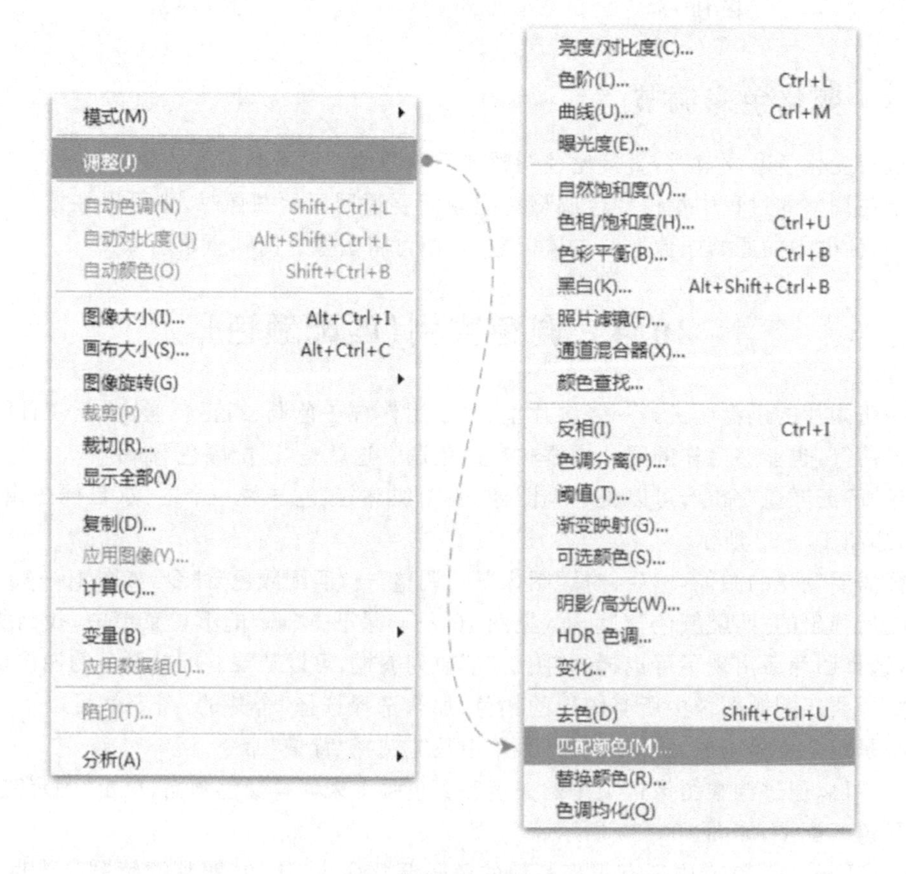
模式(M)
调整(J)
自动色调(N) Shift+Ctrl+L
自动对比度(U) Alt+Shift+Ctrl+L
自动颜色(O) Shift+Ctrl+B
图像大小(I)... Alt+Ctrl+I
画布大小(S)... Alt+Ctrl+C
图像旋转(G)
裁剪(P)
裁切(R)...
显示全部(V)
复制(D)...
应用图像(Y)...
计算(C)...
变量(B)
应用数据组(L)...
陷印(T)...
分析(A)
亮度/对比度(C)...
色阶(L)... Ctrl+L
曲线(U)... Ctrl+M
曝光度(E)...
自然饱和度(V)...
色相/饱和度(H)... Ctrl+U
色彩平衡(B)... Ctrl+B
黑白(K)... Alt+Shift+Ctrl+B
照片滤镜(F)...
通道混合器(X)...
颜色查找...
反相(I) Ctrl+I
色调分离(P)...
阈值(T)...
渐变映射(G)...
可选颜色(S)...
阴影/高光(W)...
HDR 色调...
变化...
去色(D) Shift+Ctrl+U
匹配颜色(M)...
替换颜色(R)...
色调均化(Q)

图 10－33

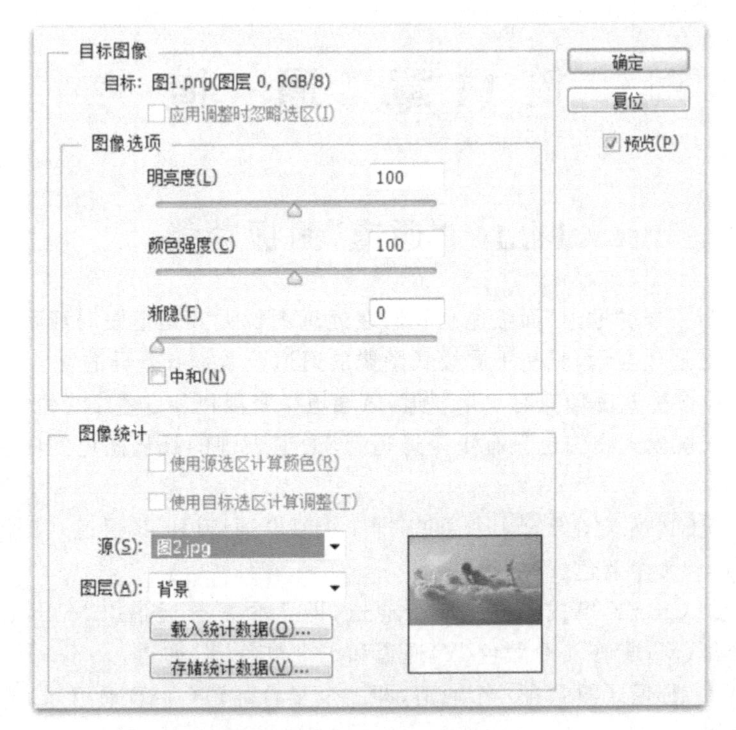
目标图像
目标: 图1.png(图层 0, RGB/8)
应用调整时忽略选区(I)
确定
复位
预览(P)
图像选项
明亮度(L)
100
颜色强度(C)
100
渐隐(F)
0
中和(N)
图像统计
使用源选区计算颜色(R)
使用目标选区计算调整(T)
源(S): 图2.jpg
图层(A): 背景
载入统计数据(O)...
存储统计数据(V)...

图 10－34

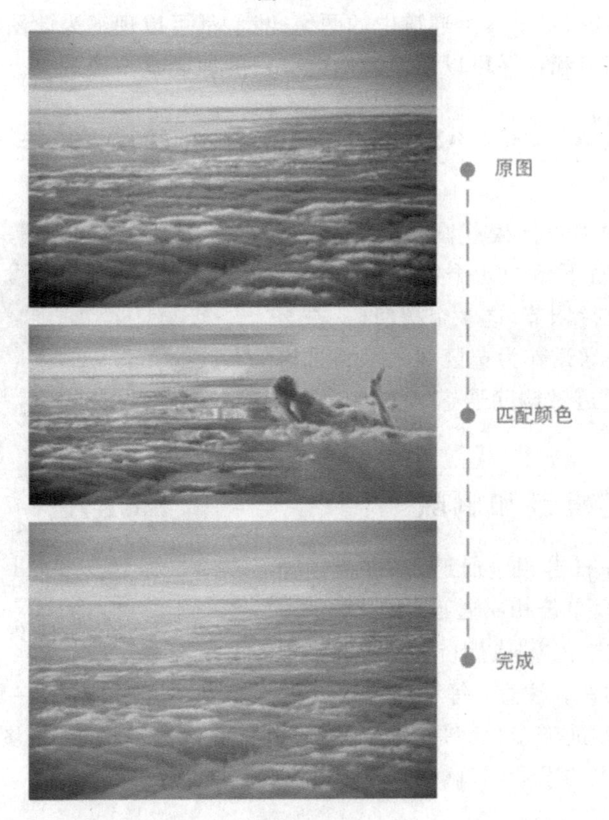
原图
匹配颜色
完成

图 10－35

第11章　通　道

11.1　“通道”面板功能

与“图层”面板一样，“通道”面板也是我们在处理图像尤其是抠图时经常会使用到的。每种图像都有相应的通道显示，只是不同模式图像的通道数量是有差异的。

位图模式：位图模式图像只有1个通道，该通道中有黑色和白色2个色阶。

灰度模式：灰度模式图像也只有1个通道，该通道表现的是从黑色到白色256个色阶的变化。

RGB模式：RGB模式图像有4个通道，即1个复合通道(RGB通道)、1个红色(R)通道、1个绿色(G)通道和1个蓝色(B)通道。

CMYK模式：CMYK模式图像有5个通道，即1个复合通道(CMYK通道)、1个青色(C)通道、1个洋红(M)通道、1个黄色(Y)通道和1个黑色(K)通道。

LAB模式：LAB模式图像有4个通道，即1个复合通道(LAB通道)、1个明度分量通道(L)和2个色度分量通道(A、B)。

无论哪种图像格式，对于每个通道中的图像，我们都可以理解为此图像中该通道色彩的映射。对不同通道的调节和选择可以帮助我们更有目的地调整图像效果。

11.2　“通道”面板中的基本操作

“通道”面板中除了不同模式图像、不同数量的通道显示之外，其右下角的4个按钮可以帮助我们快速地对通道进行调节，这4个按钮(从左至右)的作用分别为“将通道作为选区载入”“将选区存储为通道”“新建通道”“删除通道”，如图11-1所示。

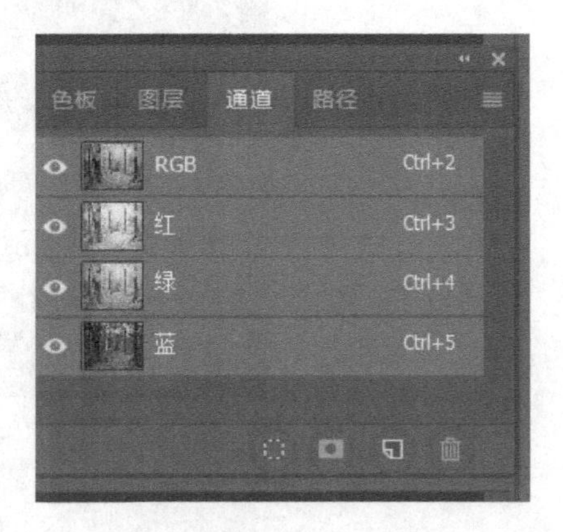

图11-1

11.2.1　通道的复制和删除

可以通过选择并右击相应通道，来进行通道的复制或删除；也可以单击相应通道并拖拽至“通道”通过面板的新建按钮或删除按钮，可以进行通道的复制或删除。注意：每种图像模式的通道数量是固定的，一般情况下并不会复制和删除固定通道；复制通道多数都是为了利用通道建立选区，从而为抠图做前期准备，具体步骤可以参考11.3节中的设计实例。

11.2.2　通道的调节和转换

虽然每种图像模式的通道数量是固定的，但每个通道的效果是可以调节的，可以通过对某个通道的调节来达到调整整个图像的效果。

无论是哪种模式的图像，每个通道其实都是由黑、白及二者之间的灰度变化组成的图像。在通道中白色表示 100%显示，黑色表示 0%显示（见图 11－2），所以可以通过调节黑、白及黑、白之间灰度的明暗变化来调整该通道的颜色强度。例如打开一张 RGB 模式图像，想让该图像色彩变得更暖更醒目，就可以选择该图像的红色（R）通道，打开色阶（快捷键 Ctrl＋L）将亮部调节得更亮。色阶调节面板的输入色阶区域有 3 个三角形滑块（见图 11－3），从左至右分别为暗部调节、中间色调调节、亮部调节，可以单击并左右移动调节图像亮度变化，也可以选择该图像的其他通道调节；恢复所有通道显示会发现整个图像变得更暖了。效果对比见图 11－4。

图 11－2

图 11－3

VS

图 11 - 4

11.3 设计实例：利用 Photoshop 通道抠图(抽发丝)

打开原图，查看该图像的图像类型的及通道数量，如图 11 - 5 所示。

图 11 - 5

查看并选择一个黑白对比相对分明的通道(可以通过单击各通道左边的眼睛按钮关闭相应通道，以单独观察各通道效果)，如图 11 - 6 所示。

对该通道进行复制(复制通道可以右击该通道选择“复制通道”命令，也可以单击将要复制的通道拖拽至通道新建按钮进行复制)，同时注意关闭原有通道，只显示所复制的通道，如图 11 - 7 所示。

图 11 - 6

图 11 - 7

打开"色阶"对话框(Ctrl+L)进行调整，输入色阶区域有 3 个三角形滑块，它们分别表示该图像中的暗部、中间色调、亮部的区域，分别单击并左右拖拽这 3 个三角形滑块即可调整该图像的暗部、中间色调、亮部的对比效果，如图 11 - 8 所示。

图 11 - 8

为了便于选区的选择，需要将该图像调整为黑白剪影效果，调整时注意保留发丝等细节，如图 11 - 9 所示。

图 11 - 9

利用某个通道来进行抠图，实际上是先利用通道进行选区的选择，再对选区进行删除，从而保留所需要的选区。所以只使用色阶并不能得到完整的选区效果，还要使用画笔或套索工具对要所需保留的区域涂黑，用白色对非保留区域涂白。如果保留区域和非保留区域的色差较小，不好进行区分的话，则可将其他通道打开，这时黑色区域就会以半透明黑色效果显示，以便于观察，如图 11－10 所示。

图 11－10

关闭其他通道，只显示所复制的通道，如果画面为保留区域与非保留区域黑白分明的剪影效果，则表明可以进行选区的选择了，如图 11－11 所示。

选择选区的方法有两种，一种是按住 Ctrl 键的同时单击该通道，另一种是选择“选择”→“色彩范围”菜单命令后，在“色彩范围”面板中选择吸管工具，然后单击图像的白色区域，即可实现对非保留区域的选择，选择的区域呈蚂蚁线围绕状，如图 11－12 所示。

打开显示其他通道，并关闭所复制的通道，使通道恢复正常状态，图像也会显示为正常状态效果，如图 11－13 所示。

单击查看“图层”面板，复制背景图层，并关闭原背景图层，如图 11－14 所示。

单击 Delete 键，删除非保留区域，并删除原背景图层，即可得到仅保留所要保留区域带透明背景的图像。将图像保存为 PNG 格式，如图 11－15 所示。

PNG 格式图像可实现图像中透明区域的保留及显示，故当再次打开 PNG 格式图像时，依然会显示透明效果。这样一来就可以将此 PNG 格式图像叠加在所需的背景图片上制作所需的效果，如图 11－16 所示。

色板
图层
通道
路径
RGB
Ctrl+2
红
Ctrl+3
绿
Ctrl+4
蓝
Ctrl+5
绿 拷贝
Ctrl+6

图 11 - 11

未标题-1 @ 66.7%(RGB/8#) *
色板
图层
通道
路径
RGB
Ctrl+2
红
Ctrl+3
绿
Ctrl+4
蓝
Ctrl+5
绿 拷贝
Ctrl+6

图 11 - 12

未标题-1 @ 66.7%(RGB/8#) *
色板
图层
通道
路径
RGB
Ctrl+2
红
Ctrl+3
绿
Ctrl+4
蓝
Ctrl+5
绿 拷贝
Ctrl+6

图 11－13

未标题-1 @ 66.7%(RGB/8#) *
色板
图层
通道
路径
类型
正常
不透明度: 100%
锁定:
填充: 100%
背景 拷贝
背景

图 11－14

图 11-15

图 11-16

第12章　文字工具

使用“文字工具”功能可以轻松地将矢量文本与位图图像完美结合，随图像数据一起输出，即可得到高品质的画面效果。

在工具箱中单击“文字工具”按钮T，即弹出如图12-1所示工具组。该工具组包括“横排文字工具”“直排文字工具”“直排文字蒙版工具”和“横排文字蒙版工具”。使用“横排文字蒙版工具”和“直排文字蒙版工具”可以直接创建文字选区。

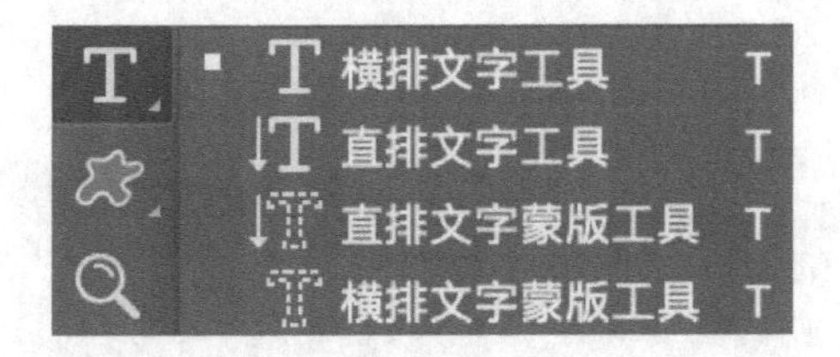

图12-1

12.1　创建文字蒙版工具

“直排文字蒙版工具”与“横排文字蒙版工具”的使用方法完全一致，下面以“横版文字蒙版工具”为例来进行说明。

步骤1：选择工具箱中的“横排文字蒙版工具”。

步骤2：单击图像中的任意位置创建横排文字蒙版，如图12-2所示。

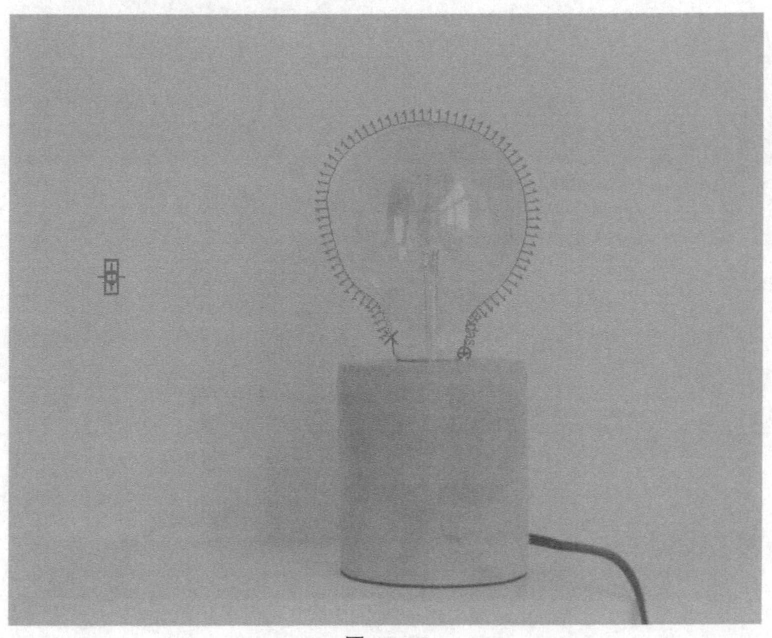

图12-2

步骤 3：在属性栏中，设置文字的大小：30 点，如图 12－3 所示。

步骤 4：输入文字“好”，如图 12－4 所示。

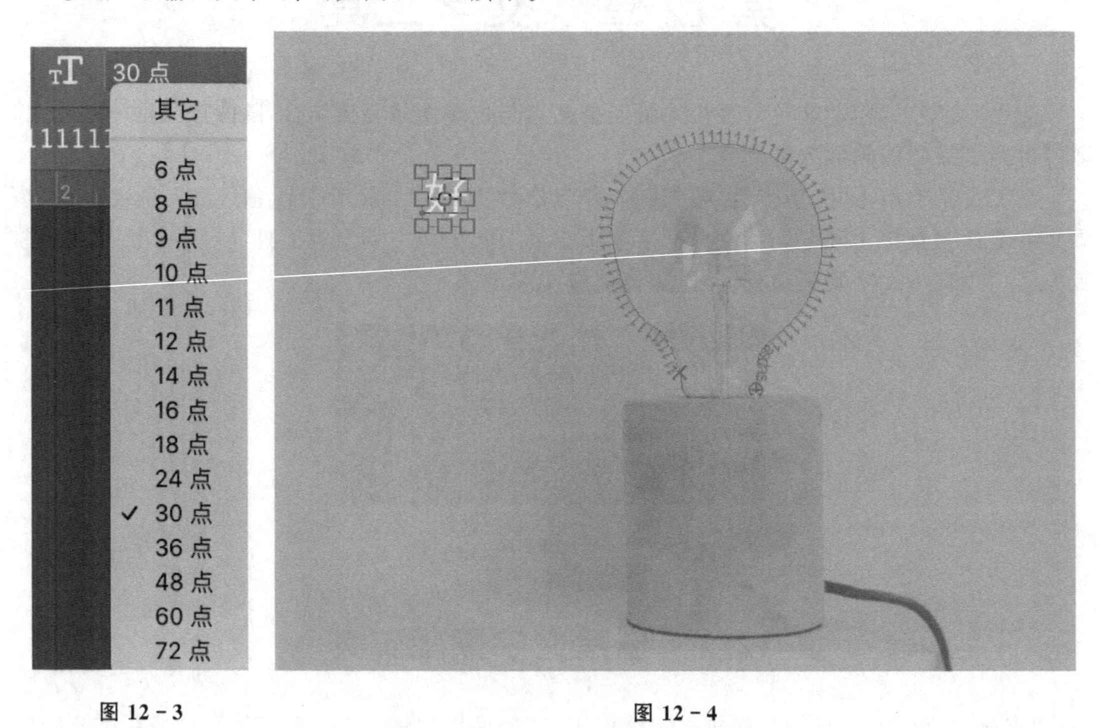

图 12－3　　　　图 12－4

步骤 5：按 Ctrl＋Enter 组合键将文字转换为选区，如图 12－5 所示。

图 12－5

步骤6：按Ctrl＋D组合键可以取消选区，如图12－6所示。

图12－6

12.2　应用字符属性

利用图12－7中的命令可以对已输入文字的属性（如文字的字体、字形、大小、颜色及去锯齿要求）做相应的更改，以使文字效果更符合画面的要求。

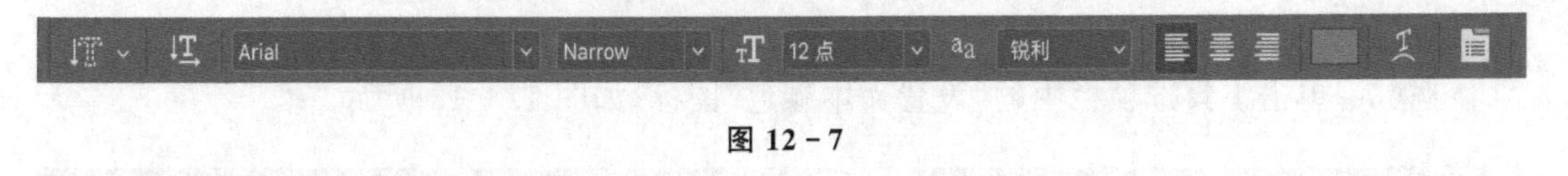

图12－7

具体操作步骤如下：

步骤1：导入白色素材背景。

步骤2：选择工具箱中的“横排文字工具”。

步骤3：在工具属性栏“设置文字系列”下拉列表中选择相应的字体，这里选择Arial字体，如图12－8所示。

图12－8

步骤 4：在工具属性栏“设置字体大小”文本框中输入新的参数：60，如图 12-9 所示。

图 12-9

步骤 5：单击图像，输入文字 ABC，如图 12-10 所示。

步骤 6：拖动鼠标，将字母全部选中，如图 12-11 所示。

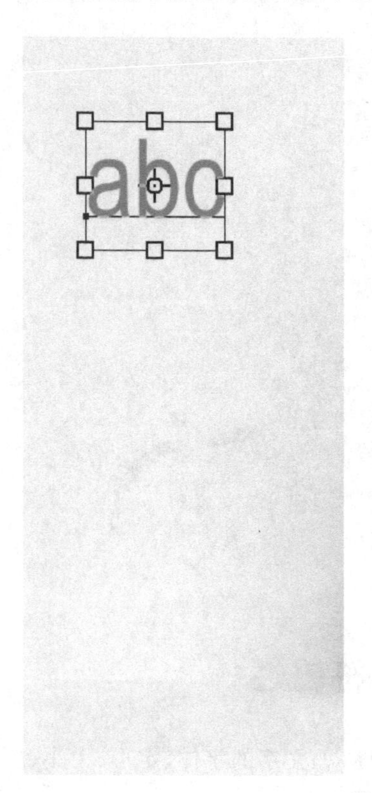

图 12-10

图 12-11

步骤 7：单击工具选项栏中的“设置文本颜色”图标，如图 12-12 所示。

图 12-12

步骤 8：打开“拾色器”对话框，任意选择一个颜色，单击“确定”按钮，字体颜色变为黄色，如图 12-13 所示。

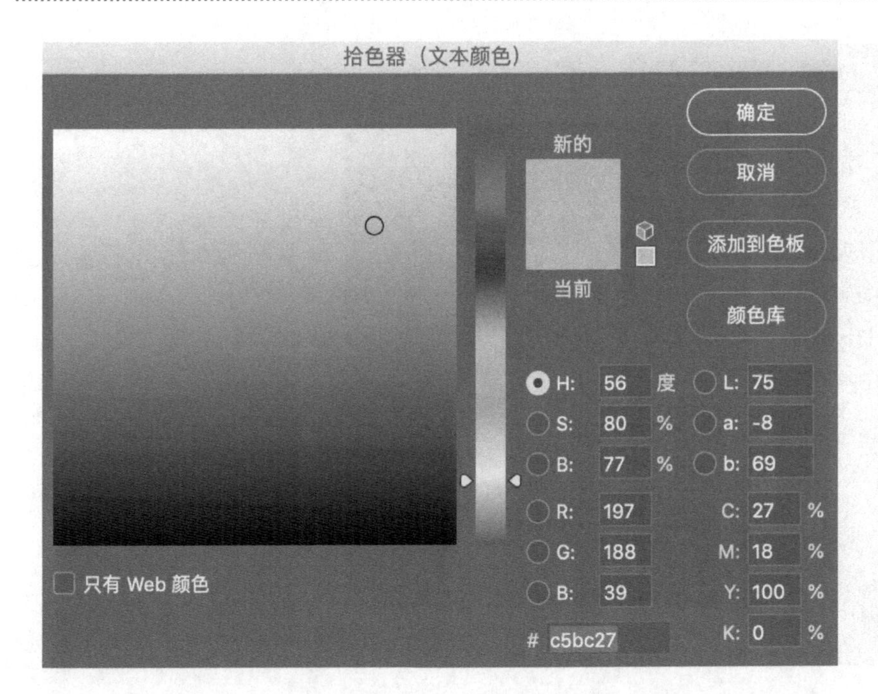

图 12-13

12.3　使用"字符"对话框

前面讲述的字体设置方法都是在工具选项栏内进行定义的。如果要进行更多的字体设置，就需要用到"字符"对话框。"字符"对话框不仅提供了工具选项栏中相应的设置，对于点文字和段落文字还可以指定文字行距、字距微调、文字水平与垂直缩放比例、指定基线移动、更改大小写、使字符变为上标或下标、应用上划线和删除线，以及连字符等属性。

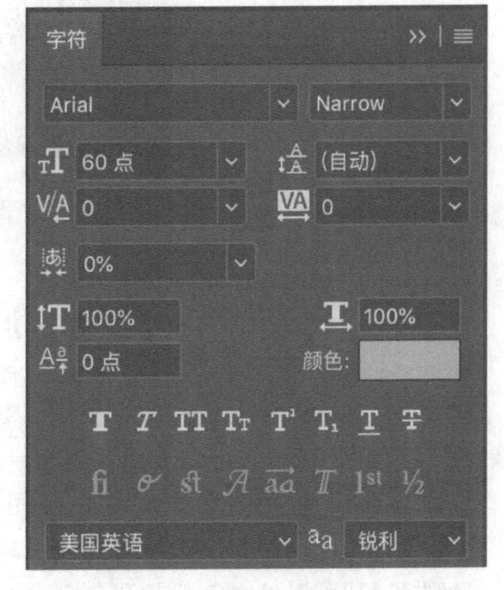

图 12-14

步骤 1：选择工具箱的"横排文字工具"。

步骤 2：执行"窗口"勾选"字符"命令，或者单击属性栏里的"切换字符和段落面板"按钮 弹出"字符"对话框，如图 12-14 所示。

步骤 3：在"字符"对话框底部列出了一系列字体的仿样式，以供本身不包括字体样式的字体应用，如图 12-15 所示。

步骤 4：选择"图层"对话框中的文本图层，如图 12-16 所示。

步骤 5：在"字符"对话框中可设置文字属性，调整文字类型、大小及高度和宽度之间的比例，这里不再一一示范。

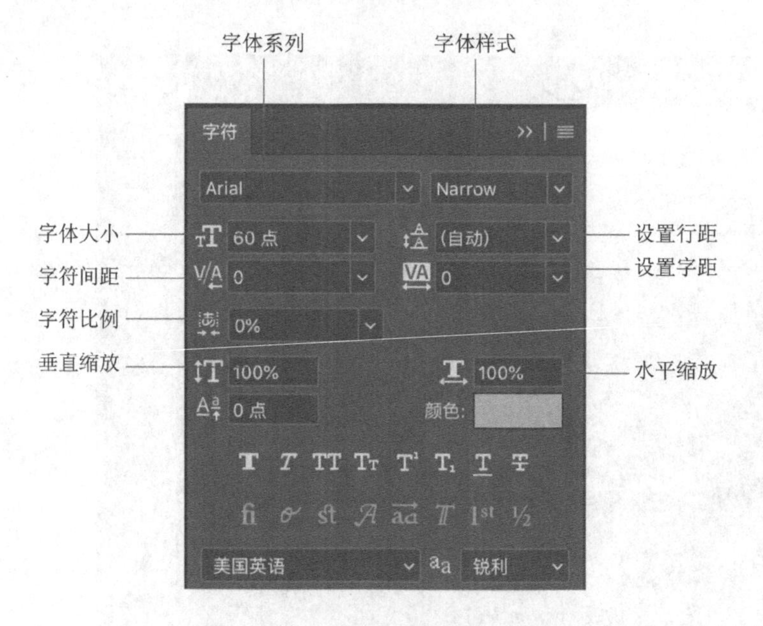

图 12-15

图 12-16

12.4 消除锯齿选项

在“字符”对话框和工具选项中提供了 5 种消除锯齿的方法，即“无”“锐利”“犀利”“浑厚”以及“平滑”，如图 12-17 所示。

选择“无”将不应用消除锯齿功能(见图 12-18)。

选择“锐利”可以使文字边缘有清晰的轮廓(见图 12-19)。

选择“犀利”可以使文字显得更鲜明(见图 12-20)。

选择“浑厚”可使文字显得粗重一些(见图 12-21)。

选择“平滑”选项文字将变得更平滑(见图 12-22)。

全部选中文字可进行修改，这里不再一一示范。

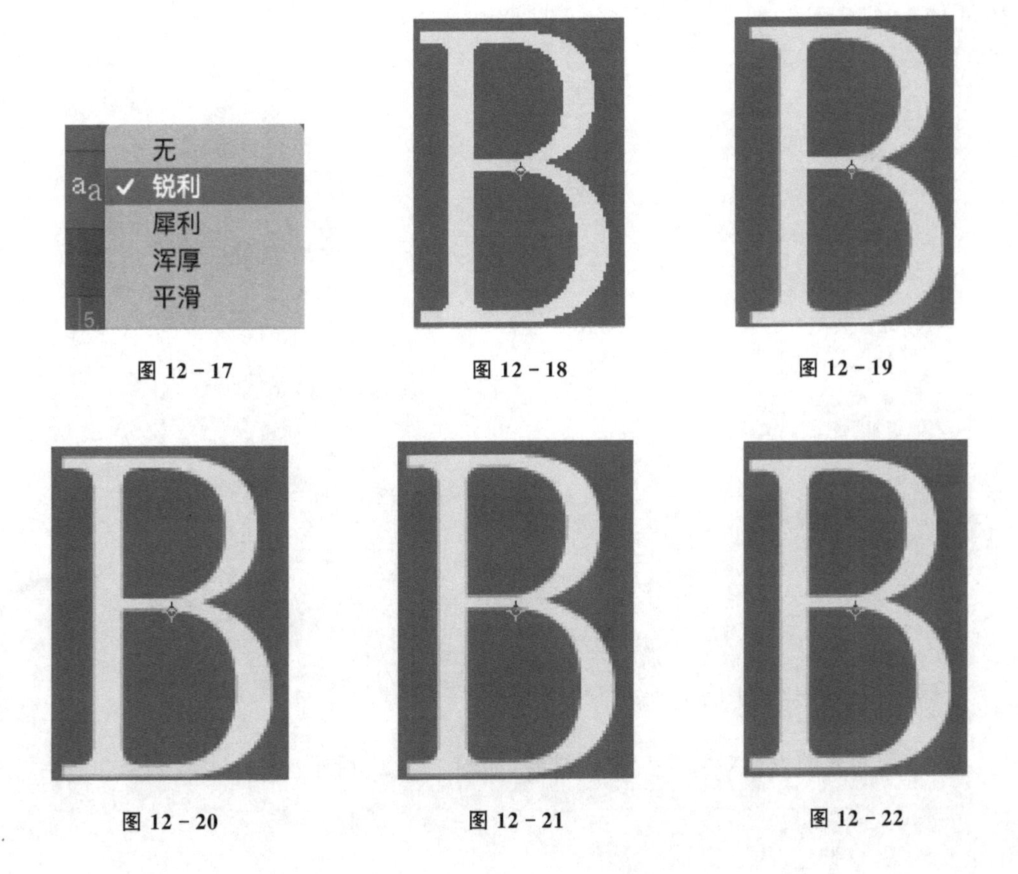

图 12 - 17　图 12 - 18　图 12 - 19

图 12 - 20　图 12 - 21　图 12 - 22

12.5　文字实例(路径文字使用)

可以使用“横排文字工具”在图像中的任何位置,创建横排文字;如果要创建竖排文字,使用“直排文字工具”即可。由于“横排文字工具”与“直排文字工具”的使用方法一致,下面以“横排文字工具”为例讲述用“直排文字工具”创建路径文字。

本实例教大家如何在路径上创建文字。

步骤 1:打开图片素材作为背景,如图 12 - 23 所示。

图 12 - 23

步骤 2:使用“钢笔工具”。

步骤 3:沿灯泡内侧创建一个路径,用鼠标左键单击创建锚点,继续创建锚点,如图 12 - 24 所示。

步骤 4:将鼠标指针移动到锚点的位置,按住 Alt 键,单击锚点,即可将向前绘制的曲线弯度取消,如图 12 - 25 所示。

步骤 5:再移动鼠标光标到另一个点,按住鼠标左键创建弧度,同样按住 Alt 键,回到锚点上单击,取消弧度，如图 12 - 26 所示。

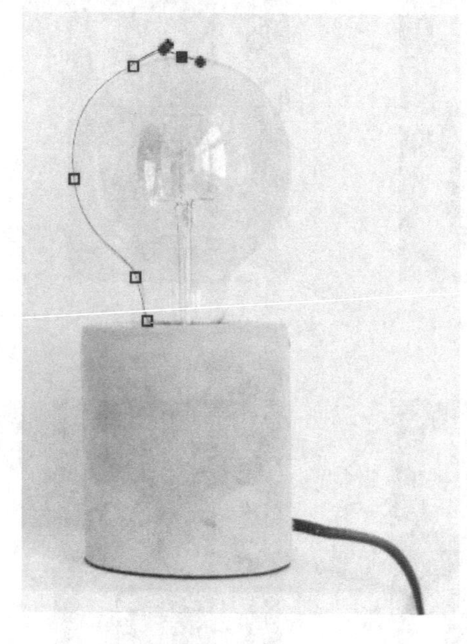

图 12 - 24

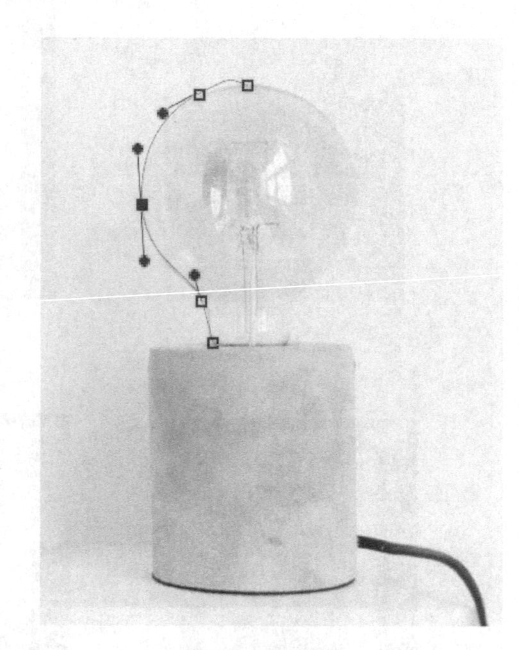

图 12 - 25

步骤 6：用同样的方法对“灯泡”素材描绘，如图 12 - 27 所示。

图 12 - 26

图 12 - 27

步骤 7：路径创建完毕后，使用工具箱中的文字工具创建文字。

步骤 8：在属性栏中，单击选择文本颜色，如图 12 - 28 所示。

步骤 9：弹出“拾色器(文本颜色)”对话框，如图 12 - 29 所示。

图 12－28

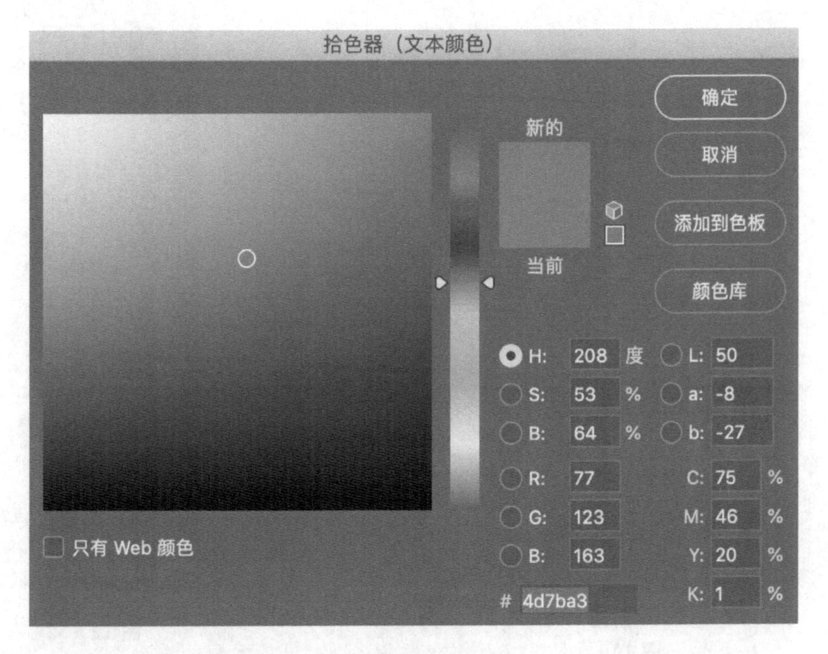

图 12－29

步骤 10：把鼠标指针移到视图中的灯泡部分，会显示吸管工具。

步骤 11：使用吸管工具在图像中部分取样，将文字的颜色也设置为蓝色，单击对话框中的“确定”按钮，如图 12－30 所示。

图 12－30

步骤 12：在路径的起始部位单击，此时即键入了文字的起始点，如图 12－31 所示。

步骤 13：在属性栏中，设置一下文字的大小：12 点，如图 12－32 所示。

图 12－31

图 12－32

步骤 14：之后只要输入文字，键入的文字就会依附路径自动进行弯曲变形，按照路径的方向自动调整，如图 12－33 所示。

步骤 15：文字键入完毕后，转换到“路径”调板中，如图 12－34 所示。

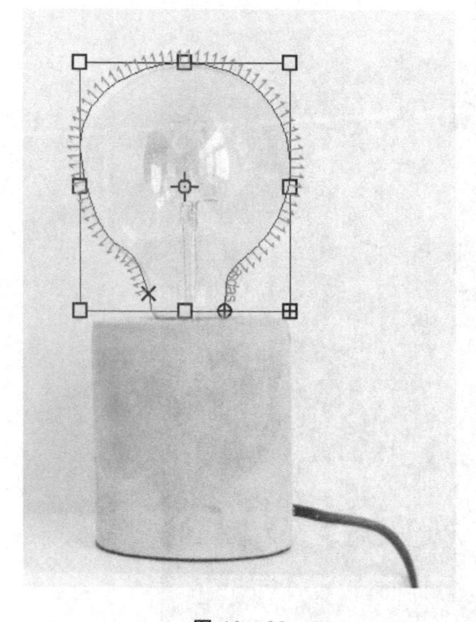

图 12－33

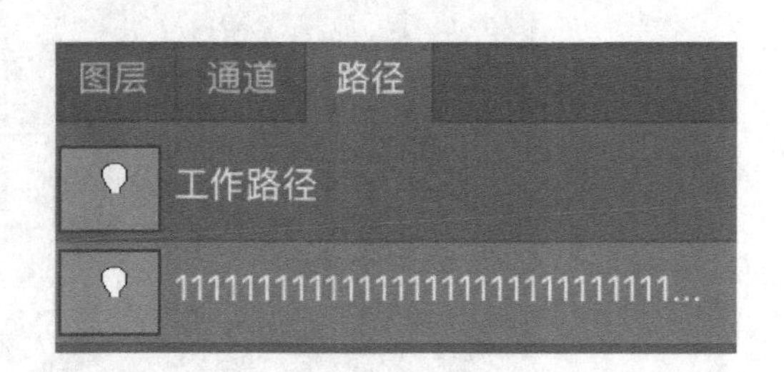

图 12－34

步骤 16：单击“路径”调板灰色空白处，将图像当中的路径隐藏，在路径上创建文字已完成，如图 12 - 35 所示。

直接创建“横排文字工具”或“直排文字工具”，无须使用路径工具创建路径，可以直接在视图里单击输入文字。

图 12 - 35

第13章　滤　镜

13.1　滤镜基础应用

滤镜是Photoshop的特点之一，具有强大的功能。使用滤镜可以清除和修饰照片，能够为图像提供素描或印象派绘画外观的特殊艺术效果。还可以使用扭曲和光照效果创建独特的变换。Adobe提供的滤镜显示在“滤镜”菜单中。第三方开发商提供的某些滤镜可以作为增效工具使用，安装后，这些增效工具滤镜将出现在“滤镜”菜单的底部。

要使用滤镜，请从“滤镜”菜单中选取相应的子菜单命令。选取滤镜的原则如下：

① 滤镜应用于现用的可见图层或选区。

② 对于8位/通道的图像，可以通过“滤镜库”累积应用大多数滤镜。所有滤镜都可以单独应用。

③ 不能将滤镜应用于位图模式或索引颜色的图像。

④ 有些滤镜只对RGB图像起作用。

⑤ 可以将所有滤镜应用于8位图像。

⑥ 可以将下列滤镜应用于16位图像：液化、消失点、平均模糊、模糊、进一步模糊、方框模糊、高斯模糊、镜头模糊、动感模糊、径向模糊、表面模糊、形状模糊、镜头校正、添加杂色、去斑、蒙尘与划痕、中间值、减少杂色、纤维、云彩、分层云彩、镜头光晕、锐化、锐化边缘、进一步锐化、智能锐化、USM锐化、浮雕效果、查找边缘、曝光过度、逐行、NTSC颜色、自定、高反差保留、最大值、最小值以及位移。

⑦ 可以将下列滤镜应用于32位图像：平均模糊、方框模糊、高斯模糊、动感模糊、径向模糊、形状模糊、表面模糊、添加杂色、云彩、镜头光晕、智能锐化、USM锐化、逐行、NTSC颜色、浮雕效果、高反差保留、最大值、最小值以及位移。

⑧ 有些滤镜完全在内存中处理。如果可用于处理滤镜效果的内存不够，请选择“编辑”→“首选项”→“常规”命令，在随后弹出的对话框中多设置几个暂存盘。

下面介绍各组滤镜的作品和部分滤镜的具体使用方法。要了解滤镜的特点，最好的方法是进行各种不同参数的设置实验。只要掌握了几个常用滤镜的使用方法后，再使用其他滤镜也就不难了。

13.2　图像的液化滤镜和消失点滤镜

13.2.1　液化滤镜

功能简介：推拉、扭曲、旋转、收缩等变形照片功能。

应用场景：海平面漩涡、模特人脸修复、巧克力丝丝融化。

1. 液化工具

① 液化滤镜：使用菜单命令“滤镜”→“液化(L)”或快捷组合键 Ctrl＋Shift＋X，如图 13-1 所示。

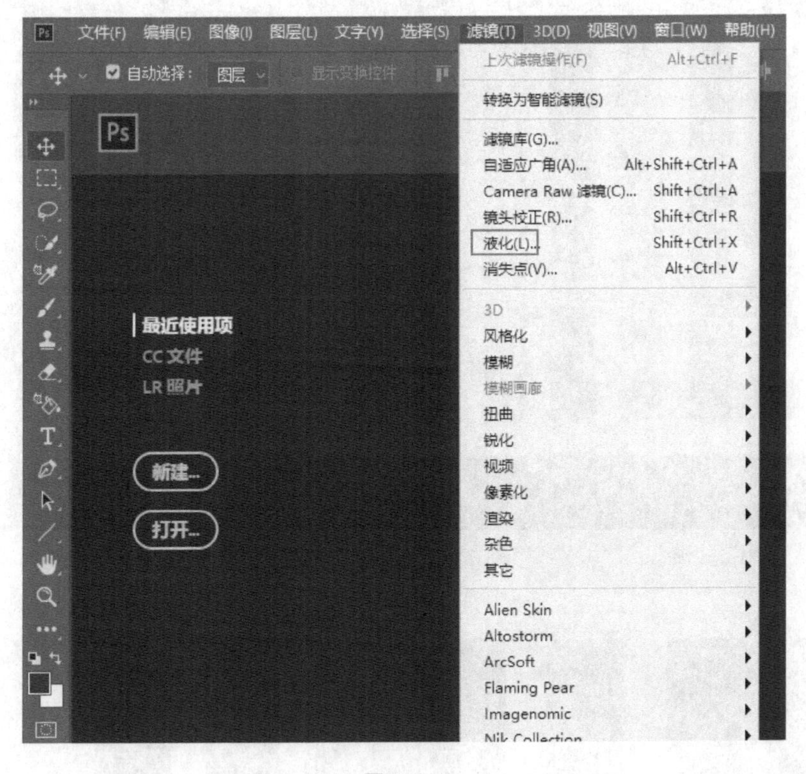

图 13-1

液化滤镜可用于推、拉、旋转、反射、折叠和膨胀图像的任意区域。创建的扭曲可以是细微的或剧烈的，这就使“液化”命令成为修饰图像和创建艺术效果的强大工具。液化滤镜可以应用于 8 位/通道或 16 位/通道图像。

② 液化滤镜面板：主要变形工具包括向前变形工具、重建工具、顺时针旋转扭曲工具、褶皱/膨胀工具、左推工具、冻结蒙版工具等，如图 13-2 所示。

③ 为了更好地体会和观察变形工具的变化的式样，我们制作了一个长条形的图片供演练。下面分别介绍各种变形效果，可以使用 Alt＋鼠标右键调整屏幕画笔的大小到合适的位置。

向前变形，使用该工具左右移动鼠标指针，可以呈现如图 13-3 所示效果。

向左变形：向下移动鼠标指针，像素向左变形(反之向右变形)，如图 13-4 所示。

使用顺时针移动鼠标指针旋转变形效果如图 13-5 所示。

褶皱和膨胀变形：这两个变形是相反的，一个向画笔中心收缩，另一个以画笔为中心向外膨胀，效果分别如图 13-6、图 13-7 所示。

冻结蒙版：为了保护有的区域不受变形的影响，可以使用冻结蒙版按钮将部分区域进行保护，如图 13-8 所示。阴影区域为蒙版保护区域。

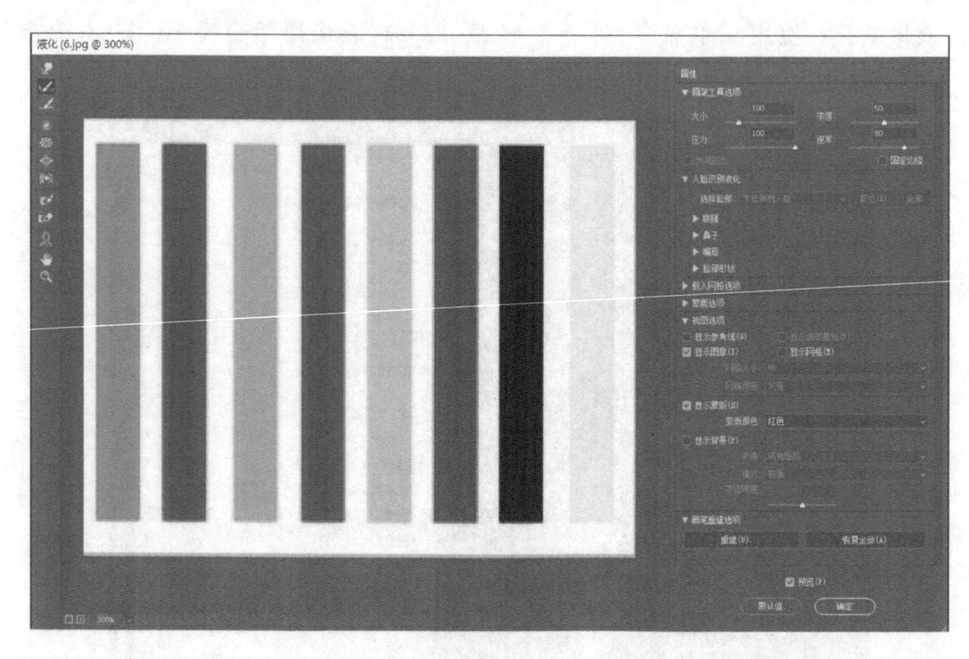
液化 (6.jpg @ 300%)
属性
大小
压力
浓度
速率
固定边缘
人脸识别液化
眼睛
鼻子
嘴唇
脸部形状
载入网格选项
蒙版选项
视图选项
显示图像(I)
显示网格(E)
显示蒙版(K)
蒙版颜色
红色
显示背景(P)
画笔重建选项
恢复全部(A)
预览(P)
默认值
确定

图 13 - 2

图 13 - 3

图13-4

图13-5

图 13－6

图 13－7

图 13 - 8

显示网格：可以使用该工具(勾选显示网格)进行更精确的变形跟踪，如图 13 - 9 所示。

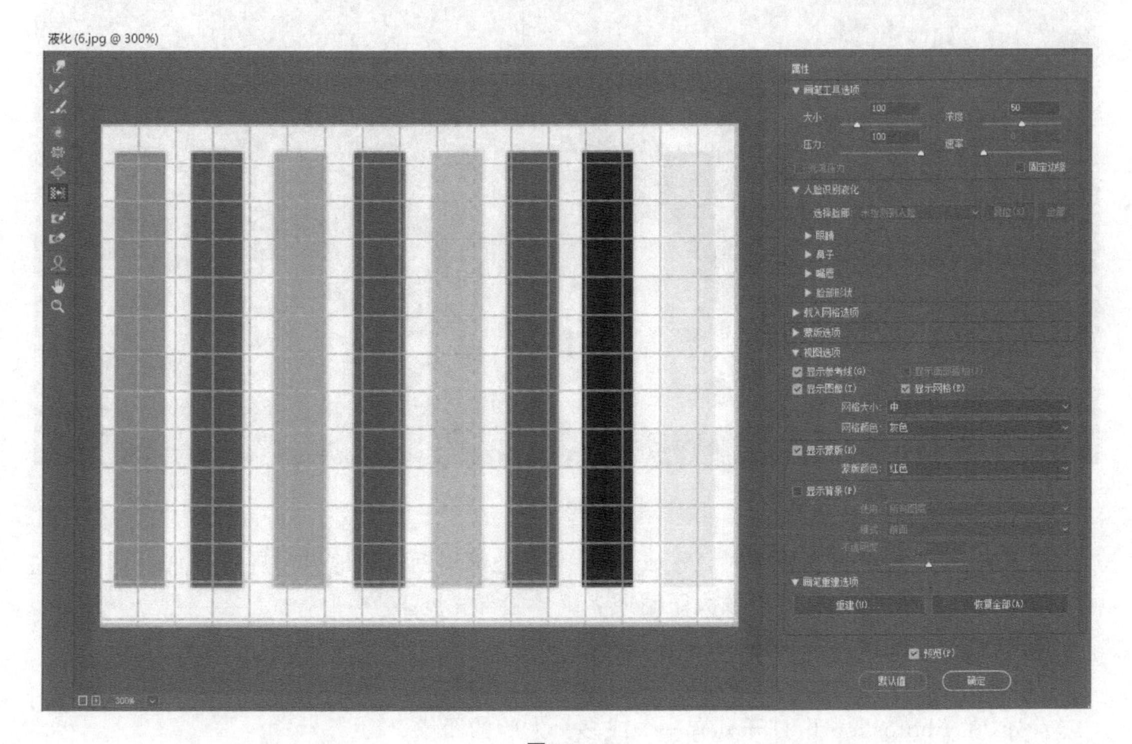

图 13 - 9

④ 人脸识别液化

液化滤镜具备高级人脸识别功能，可自动识别眼睛、鼻子、嘴唇和其他面部特征，让用户轻松对其进行调整。“人脸识别液化”非常适合修饰人像照片、创建漫画以及执行其他操作。

⑤ 先决条件：启用图形处理器

作为使用“人脸识别液化”功能的先决条件，须确保在 Photoshop 首选项中启用图形处理器。

首先，选择“编辑”→“首选项”→“性能”菜单命令。

然后，在“图形处理器设置”区域中，选择“使用图形处理器”。

接下来，单击“高级设置”按钮，确保选中“使用图形处理器加速计算”。

最后，单击“确定”按钮。

启动 Photoshop 时，这些设置默认将处于启用状态。

⑥ 使用屏幕手柄调整面部特征

首先，在 Photoshop 中，打开具有一个或多个人脸的图像。选择“滤镜”→“液化”菜单命令，打开“液化”滤镜对话框。

然后，在“工具”面板中，选择（即脸部工具，也可使用键盘快捷键 A）。系统将自动识别照片中的人脸，如图 13－10 所示。

图 13－10

接下来，将指针悬停在脸部时，Photoshop 会在脸部周围直观地显示屏幕控件。调整控件可对脸部进行调整。例如，可以放大眼睛或者缩小脸部宽度。

最后，如果对更改结果满意，请单击“确定”按钮。

⑦ 使用滑动控件调整面部特征：

首先，在 Photoshop 中打开具有一个或多个人脸的图像。

然后，选择“滤镜”→“液化”菜单命令，将打开液化滤镜对话框。

接下来，在“工具”面板中单击按钮。照片中的人脸会被自动识别，且其中一个人脸会被选中。被识别的多个人脸会列在“属性”面板“人脸识别液化”区域中的“选择脸部”下拉菜单中罗列出来。可以通过在画布上单击或从下拉菜单中来选择不同的人脸，如图13-11所示。

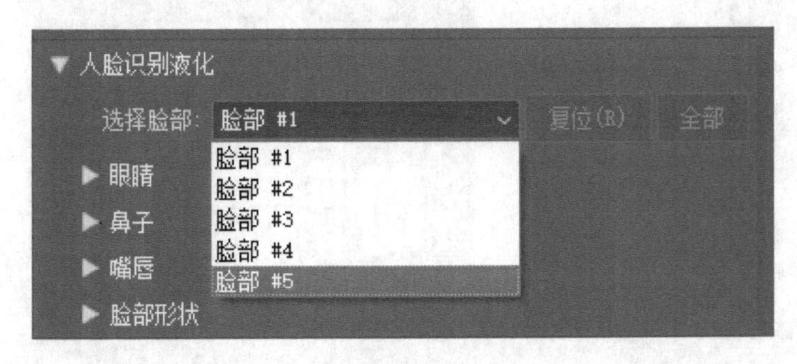

图13-11

最后，调整“人脸识别液化”区域中的滑块，对面部特征进行适当更改。可以将屏幕手柄和滑动控件结合使用，以更好地控制“人脸识别液化”更改情况，如图13-12所示。

图13-12

⑧ 注意事项：

“人脸识别液化”功能最适合处理面朝相机的面部特征。为获得最佳效果，请在应用设置之前旋转任何倾斜的脸部。

重建和恢复全部选项不适用于通过“人脸识别液化”功能进行更改。在人脸识别液化区域分别使用复位和复位所有选项，可以将应用于某个选定面部和所有面部的更改复位。

13.2.2 消失点滤镜

功能简介：在透视平面进行图像矫正（立体面）。

应用场景：易拉罐贴图、建筑物立面贴图。

① 消失点滤镜调用：使用菜单命令“滤镜”→“消失点”或使用快捷键Ctrl+Shift+V，如图13-13所示。

② 消失点工具面板：编辑平面工具、创建平面工具、图章工具、画笔工具。

单击创建平面工具，用来定义透视平面的4个节点，定义好透视平面以后，可以使用编辑平面工具可以进行修改和调整（左侧第一、第二个按钮）。编辑和创建平面工具——拉动4个角点创建透视平面，如图13-14所示。

③ 矩形选框：建立好透视平面选区以后，可以使用矩形选框建立需要和准备修改的区域，进行填充和复制。

使用技巧：按住Alt键可以复制矩形选区；按住Ctrl键可以使用原图像素进行填充选框区域（鼠标光标移动到哪里就用哪里的像素填充，等同于修补工具的“源”）按住Alt键不放，可以复制图像到任意区域，如图13-15所示。

按住Ctrl键可以使用区域填充，虚线框中的图像填充，如图13-16所示。

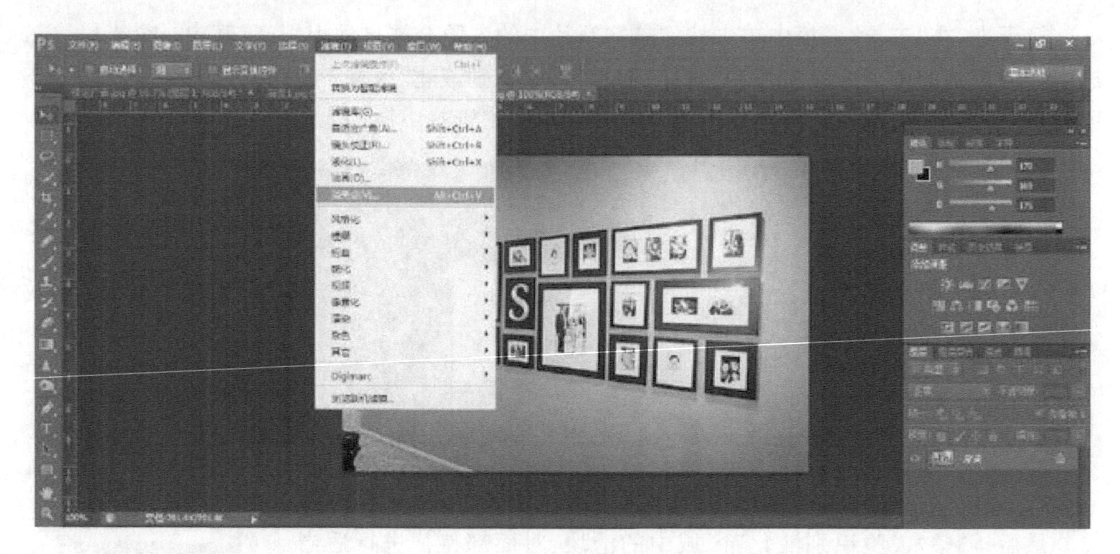

图 13－13

图 13－14

④ 图章工具和画笔工具比较简单。图章工具同样使用 Alt 键定义源，画笔可以配合吸管工具确定颜色进行填充。

消失点滤镜不同平面图像的复制和填充，重点用于透视场景使用，在使用消失点滤镜的时候需要先创建透视平面，确认透视平面后，矩形选择或者填充才能够在该场景中使用。

图 13 - 15

VS

图 13 - 16

13.3　滤镜效果

在滤镜中总共有 11 种不同的风格滤镜，包括 3D 滤镜、风格化滤镜、模糊滤镜、模糊画廊滤镜、扭曲滤镜、锐化滤镜、视频滤镜、像素化滤镜、渲染滤镜、杂色滤镜及其他。

13.3.1　风格化滤镜

风格化滤镜主要作用于图像的像素，通过移动和置换图像的像素来提高图像像素的对比度。因此，图像的对比度对此类滤镜的影响较大，风格化滤镜最终营造出的是一种印象派的图像效果。单击“滤镜”菜单，选择“风格化”命令，将弹出如图 13 - 17 所示子菜单，可以看到风格化滤镜组有 9 种滤镜。

1. 查找边缘滤镜

查找边缘滤镜的作用：用相对于白色背景的深色线条来勾画图像的边缘，得到图像的大致轮廓。如果先加大图像的对比度，然后再应用此滤镜，则可以得到更多更细致的边缘。打开一张草莓图片，如图 13 - 18 所示。

查找边缘
等高线...
风...
浮雕效果...
扩散...
拼贴...
曝光过度
凸出...
油画...

图 13－17

图 13－18

选择“滤镜”→“风格化”→“查找边缘”菜单命令，即可对图像进行查找边缘的效果处理。

2. 等高线滤镜

等高线滤镜的作用：类似于查找边缘滤镜的效果，但允许指定过渡区域的色调水平，主要作用是勾画图像的色阶范围。“等高线”滤镜对话框中参数作用如下：

色阶：可以通过拖动三角滑块或输入数值来指定色阶的阈值(数值范围为0～255)。

较低：勾画像素的颜色低于指定色阶的区域。

较高：勾画像素的颜色高于指定色阶的区域。

3. 风滤镜

风滤镜的作用：在图像中色彩相差较大的边界上增加细小的水平短线来模拟风的效果。打开一幅任意图像，将画布顺时针旋转90°后选择“滤镜”→“风格化”→“风”菜单命令，将调出如图13－19所示的“风”对话框。其参数的作用如下：

方法：控制吹风的强度。“风”选项对应细腻的微风效果；“大风”选项对应比风效果要强烈得多，图像改变很大；“飓风”选项对应最强烈的风效果，图像已发生变形。

方向：控制风向。“从左”选项对应风从左面吹来；“从右”选项对应风从右面吹来。

图13－19即为在执行了两次“方法”为“风”后，再将画布逆时针旋转90°的效果。

4. 浮雕效果滤镜

浮雕效果滤镜的作用：生成凸出和浮雕的效果，对比度越大的图像浮雕的效果越明显。“浮雕效果”滤镜对话框的参数和作用如下：

角度：为光源照射的方向。“高度”选项对应为凸出的高度；“数量”选项对应为颜色数量的百分比，可以突出图像的细节，如图13－20所示。

5. 扩散滤镜

扩散滤镜的作用：搅动图像的像素，产生类似透过磨砂玻璃观看图像的效果，如图13－21所示。“扩散”滤镜对话框中参数的作用如下：

正常：为随机移动像素，使图像的色彩边界产生毛边的效果。

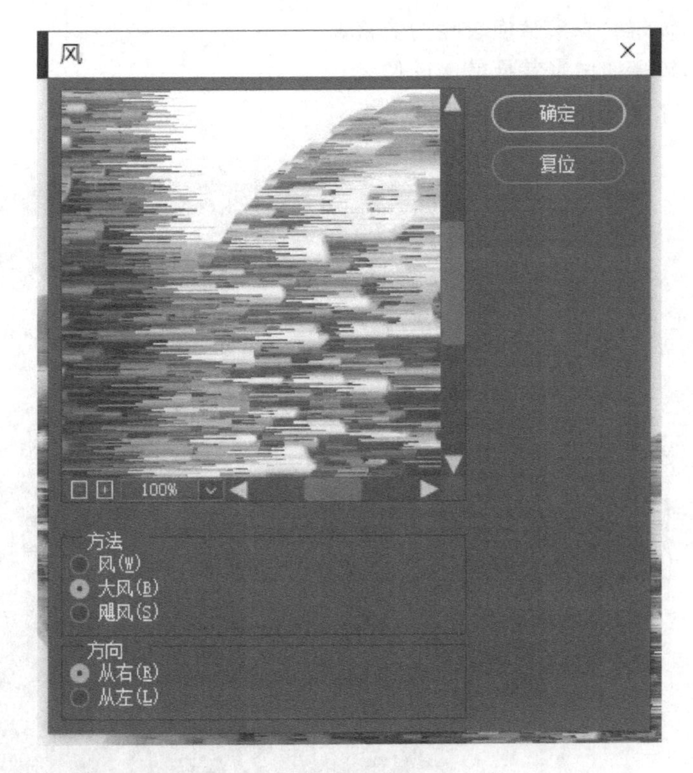
风
确定
复位
100%
方法
风(W)
大风(B)
飓风(S)
方向
从右(R)
从左(L)

图 13－19

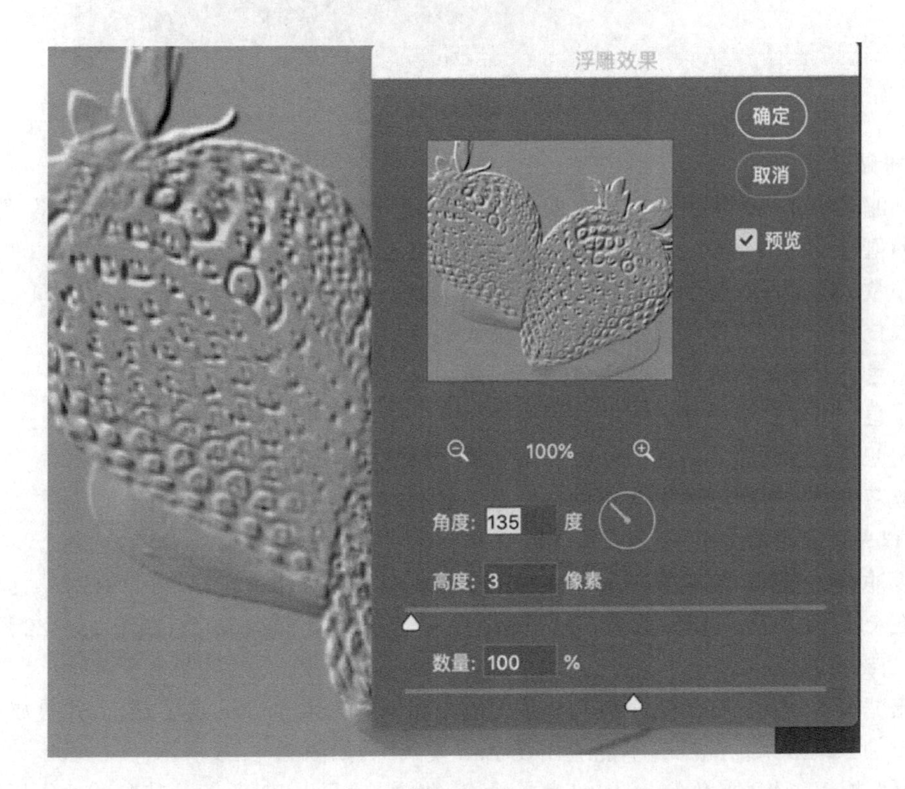
浮雕效果
确定
取消
预览
100%
角度: 135 度
高度: 3 像素
数量: 100 %

图 13－20

变暗优先：用较暗的像素替换较亮的像素。

变亮优先：用较亮的像素替换较暗的像素。

各向异性：创建出柔和模糊的图像效果。

图 13-21

6. 拼贴滤镜

拼贴滤镜的作用：将图像按指定的值分裂为若干个正方形的拼贴图块，并按设置的位移百分比的值进行随机偏移。“扩散”滤镜对话框中各项参数作用如下：

拼贴数：设置行或列中分裂出的最小拼贴块数。

最大位移：为贴块偏移其原始位置的最大距离（百分数）。

背景色：用背景色填充拼贴块之间的缝隙。

前景色：用前景色填充拼贴块之间的缝隙。

反选颜色：用原图像的反相色图像填充拼贴块之间的缝隙。

未改变颜色：使用原图像填充拼贴块之间的缝隙。

7. 曝光过度滤镜

过度滤镜的作用：使图像产生一种原图像与原图像的反相进行混合后的效果。此滤镜不能应用在 Lab 模式下。选择“滤镜”→“风格化”→“曝光过度”菜单命令，如图 13-22 所示。

8. 凸出滤镜

凸出滤镜的作用：将图像分割为一系列大小相同的三维立体块或立方体，并叠放在一起，产生凸出的三维效果。此滤镜不能应用在 Lab 模式下，如图 13-23 所示。

选择“滤镜”→“风格化”→“凸出”菜单命令，将弹出“凸出”对话框。其参数的作用如下：

图 13－22

图 13－23

类型：共有两种分割类型。

块：将图像分解为三维立方块，并用图像填充立方块的正面。

"金字塔"：将图像分解为类似金字塔形的三棱锥体。

大小：设置块或金字塔的底面尺寸。

深度：控制块突出的深度。

随机：选中此项后使块的深度取随机数。

基于色阶：选中此项后使块的深度随色阶的不同而定。

立方体正面：勾选此项，将用该块的平均颜色填充立方块的正面。

蒙版不完整块：使所有块的突起包括在颜色区域。

9. 油画滤镜

油画滤镜的作用：使图像自动产生油画画笔的效果，如图 13－24 所示。

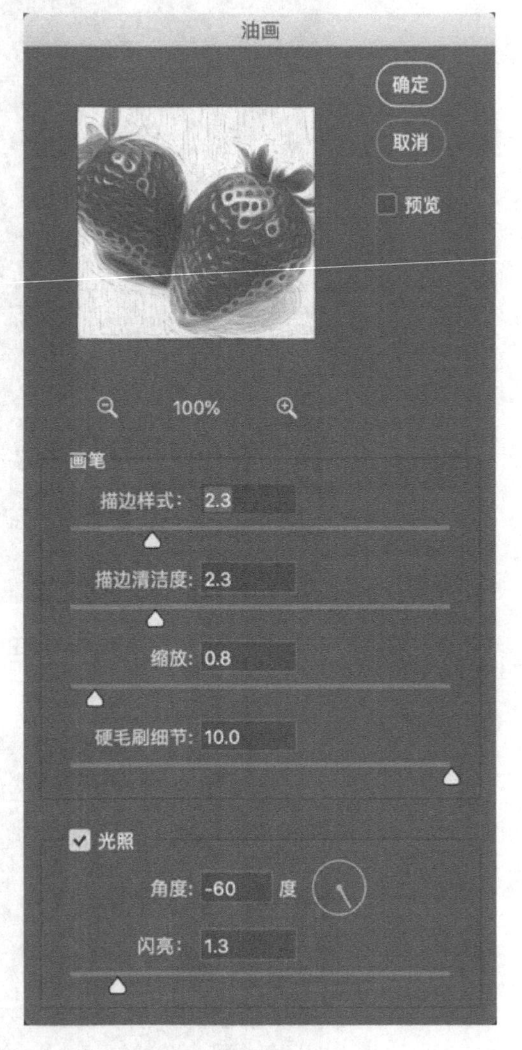

图 13－24

描边样式：画笔对边缘的粗细关系。

描边清洁度：控制边缘的柔和程度。

缩放：笔触大小的随机缩放。

硬毛刷细节：笔触的多少分布。

13.3.2 模糊滤镜

模糊滤镜主要是使选区或图像柔和，淡化图像中不同色彩的边界，以达到掩盖图像的缺陷或创造出特殊效果的作用。选择"滤镜"→"模糊"菜单命令，在随后弹出的快捷菜单中可以看出模糊滤镜组有 11 个滤镜。

1. 动感模糊滤镜

作用：对图像沿着指定的方向（－360°～＋360°），以指定的强度（1～999）进行模糊。选择"滤镜"→"模糊"→"动感模糊"菜单命令，"动感模糊"对话框如图 13－25 所示。参数的作用如下：

角度：设置模糊的角度。

距离：设置动感模糊的强度。

2. 径向模糊滤镜

作用：模拟移动或旋转的相机产生的模糊。选择"滤镜"→"模糊"→"径向模糊"菜单命令，将弹出"径向模糊"对话框，如图 13－26 所示。该对话框没有图像预览。参数的作用如下：

数量：控制模糊的强度，范围为 1～100。

旋转：按指定的旋转角度沿着同心圆进行模糊。

缩放：产生从图像的中心点向四周发射的模糊效果。

品质：有三种品质即草图、好、最好，效果从差到好。

调整参数后，单击"确定"按钮，即可对图像添加动感模糊效果。

动感模糊
确定
取消
预览
100%
角度: 0
度
距离: 10
像素

图 13 - 25

径向模糊
数量
34
确定
默认
模糊方法:
旋转
缩放
中心模糊
品质:
草图
好
最好

图 13 - 26

3. 特殊模糊滤镜

作用：可以产生多种模糊效果，使图像的层次感减弱。单击“滤镜”→“模糊”→“特殊模糊”菜单命令，将弹出“特殊模糊”对话框（如图 13－27 所示）。参数的作用如下：

半径：确定滤镜要模糊的距离。

阈值：确定像素之间的差别达到何值时可以对其进行消除。

品质：可以选择高、中、低三种品质。

模式：有三种模式，“正常”模式只将图像模糊；“仅限边缘”模式可勾画出图像的色彩边界；“叠加边缘”为前两种模式的叠加效果。

图 13－27

4. 高斯模糊滤镜

作用：按指定的值快速模糊选中的图像部分，产生一种朦胧的效果。打开一幅图片，选择“滤镜”→“模糊”→“高斯模糊”菜单命令，将弹出如图 13－28 所示“高斯模糊”对话框。参数的作用如下：

半径：调节模糊半径，范围为 0～250 像素。

调整参数后，单击“确定”按钮，即可对图像添加高斯模糊效果。

13.3.3 扭曲滤镜

扭曲滤镜通过对图像应用扭曲变形实现各种效果。选择“滤镜”→“扭曲”菜单命令，在随后弹出的快捷菜单中可以看到扭曲滤镜组共有 9 个滤镜。部分滤镜作用如下：

1. 极坐标滤镜

作用：极坐标滤镜可将图像的坐标从平面坐标转换为极坐标或者从极坐标转换为平面坐标，如图 13－29 所示。调节参数如下：

平面坐标到极坐标：将图像从平面坐标转换为极坐标。

极坐标到平面坐标：将图像从极坐标转换为平面坐标。

图 13 - 28

图 13 - 29

2. 挤压滤镜

作用：使图像的中心产生凸起或凹下的效果。选择“滤镜”→“扭曲”→“挤压”菜单命令，弹出的对话框如图 13 - 30 所示。参数的作用如下：

数量：控制挤压的强度，正值为向内挤压，负值为向外挤压，范围为－100％～＋100％。

3. 切变滤镜

作用：可以控制指定的点来弯曲图像。选择“滤镜”→“扭曲”→“切变”菜单命令，将调出

图 13－30

“切变”对话框，如图 13－31 所示。参数的作用如下：

“折回”单选按钮：将切变后超出图像边缘的部分反卷到图像的对边。

“重复边缘像素”单选按钮：将图像中因为切变变形超出图像的部分分布到图像的边界上。

图 13－31

4. 水波滤镜

作用：使图像产生同心圆状的波纹效果。选择“滤镜”→“扭曲”→“水波”菜单命令，弹出如图 13－32 所示“水波”对话框。参数的作用如下：

数量：为波纹的波幅。

起伏：控制波纹的密度。

“样式”下拉列表框有三个选项：“围绕中心”为将图像的像素绕中心旋转；“从中心向外”为

靠近或远离中心置换像素；“水池波纹”为将像素置换到中心的左上方和右下方。

图 13 - 32

13.3.4　锐化滤镜

锐化滤镜通过增加相邻像素的对比度来使模糊图像变清晰。选择“滤镜”→“锐化”菜单命令，可以看到锐化滤镜组有 6 个滤镜。

1. USM 锐化滤镜

作用：改善整体看上去柔和但细节不够清晰的图像。

选择“滤镜”→“锐化”→“USM 锐化”菜单命令，将弹出“USM 锐化滤镜”对话框，如图 13 - 33 所示。其参数的作用如下：

数量：控制锐化效果的强度。

半径：指定锐化的半径。

阈值：指定相邻像素之间的比较值。

2. 进一步锐化滤镜

作用：使用其他锐化滤镜后，对图像进行再次锐化。

3. 锐化滤镜

作用：产生简单的锐化效果。

选择“滤镜”→“锐化”菜单命令，即可对图像进行锐化处理。

4. 锐化边缘滤镜

作用：与锐化滤镜的效果相同，但它只是锐化图像的边缘。

5. 智能锐化滤镜

该滤镜可以对图像表面的模糊效果、动态模糊效果及景深模糊效果等进行调整，还可以根据实际情况分别对图像的暗部与亮部进行调整，如图 13 - 34 所示。

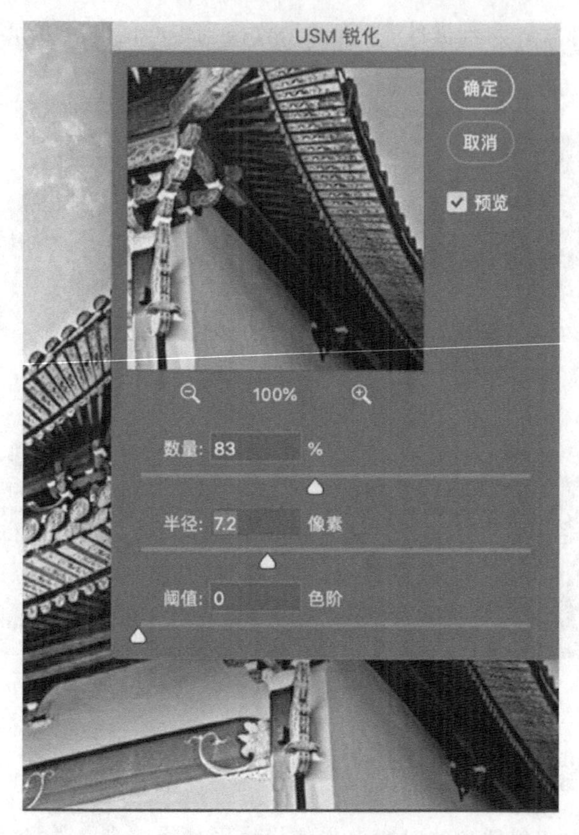
USM 锐化
确定
取消
预览
100%
数量: 83 %
半径: 7.2 像素
阈值: 0 色阶

图 13－33

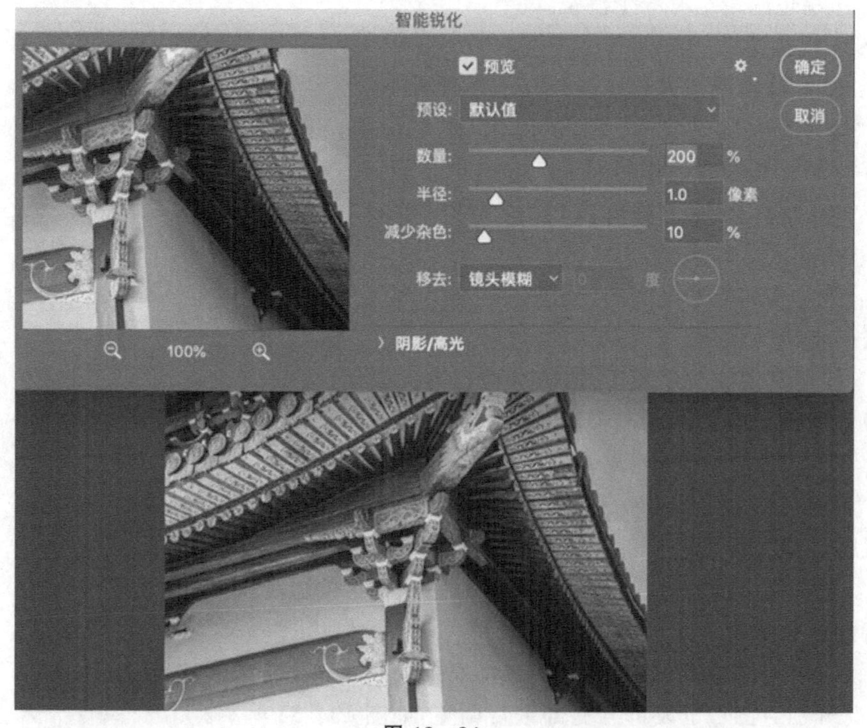
智能锐化
预览
确定
取消
预设: 默认值
数量: 200 %
半径: 1.0 像素
减少杂色: 10 %
移去: 镜头模糊
100%
阴影/高光

图 13－34

13.3.5 视频滤镜

视频滤镜属于 Photoshop 的外部接口程序，用来从摄像机输入图像或将图像输出到录像带上。选择“滤镜”→“视频”命令将弹出级联菜单，可以看到视频滤镜组有 2 个滤镜。

1. NTSC 颜色滤镜

作用：将色域限制在电视机重现可接受的范围内，以防止过饱和颜色渗到电视扫描行中。此滤镜对基于视频的因特网系统上的 Web 图像处理很有帮助。此滤镜不能应用于灰度、CMYK 和 Lab 模式的图像。

2. 逐行滤镜

作用：通过去掉视频图像中的奇数或偶数交错行，使在视频上捕捉的运动图像变得平滑。可以选择“复制”或“插值”来替换去掉的行。此滤镜不能应用于 CMYK 模式的图像。

13.3.6 像素化滤镜

像素化滤镜将图像分成一定的区域，将这些区域转变为相应的色块，再由色块构成图像，类似于色彩构成的效果。选择“滤镜”→“像素化”命令将弹出级联菜单，可以看到像素化滤镜组共有 7 种滤镜。

1. 彩块化滤镜

作用：使用纯色或相近颜色的像素结块来重新绘制图像，类似手绘的效果。

使用方法：“彩块化”滤镜的使用比较简单，选择“滤镜”→“像素化”→“彩块化”菜单命令，即可对图像添加彩块化滤镜效果。

2. 彩色半调滤镜

作用：模拟在图像的每个通道上使用半调网屏的效果，将一个通道分解为若干个矩形，然后用圆形替换掉矩形，圆形的大小与矩形的亮度成正比，如图 13－35 所示。

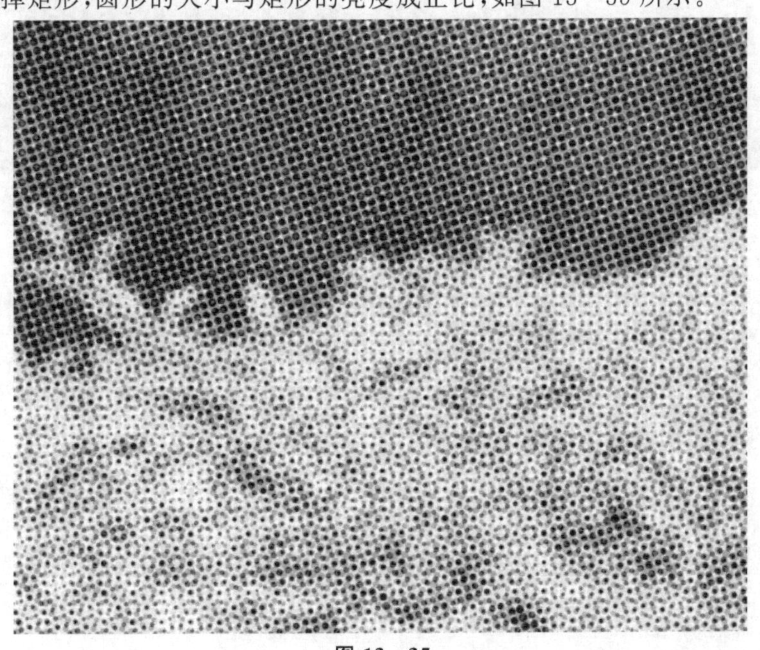

图 13－35

选择“滤镜”→“像素化”→“彩色半调”菜单命令，将弹出“彩色半调”对话框。“网角度”中各参数的作用如下：

对于灰度图像：只使用通道 1。

对于 RGB 图像：使用通道 1、2 和 3，分别对应红色、绿色和蓝色通道。

对于 CMYK 图像：使用所有 4 个通道，对应青色、洋红、黄色和黑色通道。

3. 点状化滤镜

作用：将图像分解为随机分布的网点，模拟点状绘画的效果。使用背景色填充网点之间的空白区域，如图 13－36 所示。

选择“滤镜”→“像素化”→“点状化”菜单命令，将弹出“点状化”对话框。其参数的作用与“晶格化”滤镜相同。

图 13－36

4. 晶格化滤镜

作用：使用多边形纯色结块重新绘制图像，如图 13－37 所示。

选择“滤镜”→“像素化”→“晶格化”菜单命令，将弹出“晶格化”对话框。其参数的作用如下：

预览框：预览使用晶格化滤镜的图像效果。

减号按钮：缩小预览图。

加号按钮：放大预览图。

单元格大小：调整结块单元格的尺寸，不要设置过大，否则图像将变得面目全非，范围为 3～300。

图 13 - 37

5. 马赛克滤镜

作用：众所周知的马赛克效果，也就是将像素结为方形块。

选择“滤镜”→“像素化”→“马赛克”菜单命令，将弹出“马赛克”对话框，如图 13 - 38 所示。

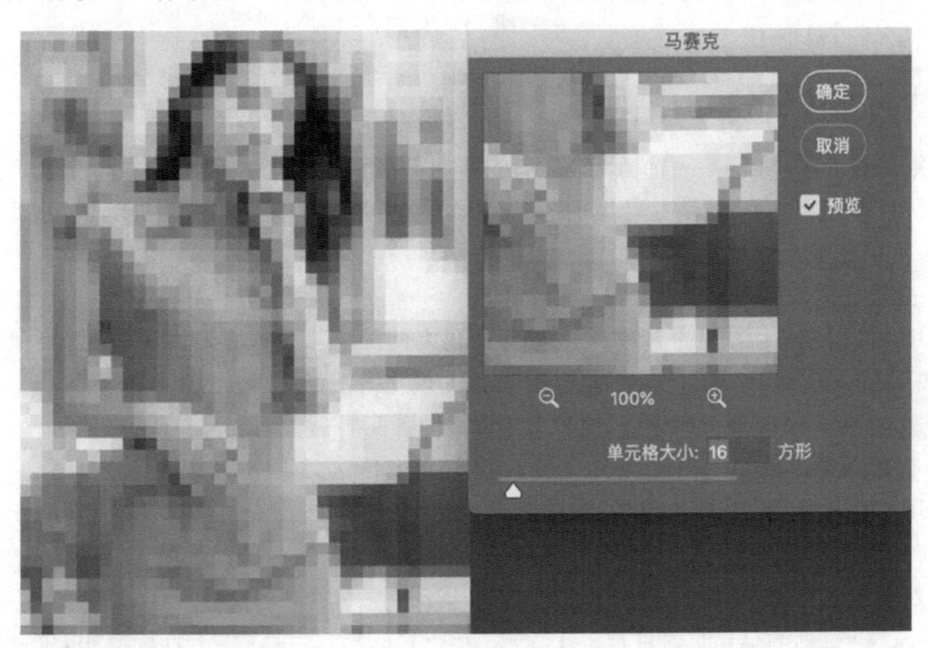

图 13 - 38

6. 碎片滤镜

作用：将图像创建 4 个相互偏移的副本，产生类似重影的效果。

选择“滤镜”→“像素化”→“碎片”菜单命令，即可对图像添加碎片滤镜效果。

7. 铜板雕刻滤镜

作用：使用黑白或颜色完全饱和的网点图案重新绘制图像，如图 13 - 39 所示。

选择"滤镜"→"像素化"→"铜版雕刻"菜单命令，将弹出"铜版雕刻"对话框。其参数的作用如下：

"类型"下拉列表框：用于选择网点图案，共有 10 种类型，分别为精细点、中等点、粒状点、粗网点、短线、中长直线、长线、短描边、中长描边和长边。

图 13-39

13.3.7 渲染滤镜

渲染滤镜使图像产生三维映射云彩图像、折射图像和模拟光线反射，还可以用灰度文件创建纹理进行填充。选择"滤镜"→"渲染"菜单命令，在弹出的子菜单内有渲染滤镜组，即 8 种滤镜，其中常用的是 5 种滤镜。

1. 分层云彩滤镜

作用：使用随机生成的介于前景色与背景色之间的值来生成云彩图案，产生类似负片的效果，如图 13-40 所示。此滤镜不能应用于 Lab 模式的图像。

选择"滤镜"→"渲染"→"分层云彩"菜单命令，即可给图像添加分层云彩效果。

2. 光照效果滤镜

作用：使图像呈现光照的效果，此滤镜不能应用于灰度、CMYK 和 Lab 模式的图像。打开如图 13-41 所示图像，选择"滤镜"→"渲染"→"光照效果"菜单命令，将弹出"光照效果"对话框。各参数的作用如下：

"样式"下拉列表框：滤镜自带了 17 种灯光布置的样式，可以单击直接调用，也可以将自己的设置参数存储为样式，以备日后调用。

光照类型：分为三种，即点光、平行光和全光源。"光照类型"区域右侧的色块设置光照颜色。

- 点光：当光源的照射范围框是椭圆形时为斜射状态，投射下椭圆形的光圈；当光源的照射范围框是圆形时为直射状态，效果与全光源相同。
- 平行光：均匀的照射整个图像，此类型灯光无聚焦选项。

图 13-40

➢ 全光源：光源为直射状态，投射下圆形光圈。

强度：调节灯光的亮度，若为负值则产生吸光效果。

聚焦：调节灯光的衰减范围。

属性：每种灯光都有光泽、材料、曝光度和环境四种属性。"属性"区域右侧的色块可以设置环境色。

纹理通道：选择要建立凹凸效果的通道。

白色部分凸出：默认此项为勾选状态，若取消此项的勾选，则凸出的将是通道中的黑色部分。

高度：控制纹理的凹凸程度。

图 13-41 所示为添加"三处下射光"并调整角度等参数后的光照效果。

3. 镜头光晕滤镜

作用：模拟亮光照射到相机镜头所产生的光晕效果。通过单击图像缩览图来改变光晕中心的位置，此滤镜不能应用于灰度、CMYK 和 Lab 模式的图像，如图 13-42 所示。

打开一幅图像，选择"滤镜"→"渲染"→"镜头光晕"菜单命令，将弹出"镜头光晕"对话框，可提供三种镜头类型：50～300 mm 变焦、35 mm 聚焦和 105 mm 聚焦。

4. 云彩滤镜

作用：使用介于前景色和背景色之间的随机值生成柔和的云彩效果，如果按住 Alt 键使用云彩滤镜，则将生成色彩相对分明的云彩效果。

设置前景色为蓝色，背景色为白色。选择"滤镜"→"渲染"→"云彩"菜单命令，即可给图像添加云彩效果。

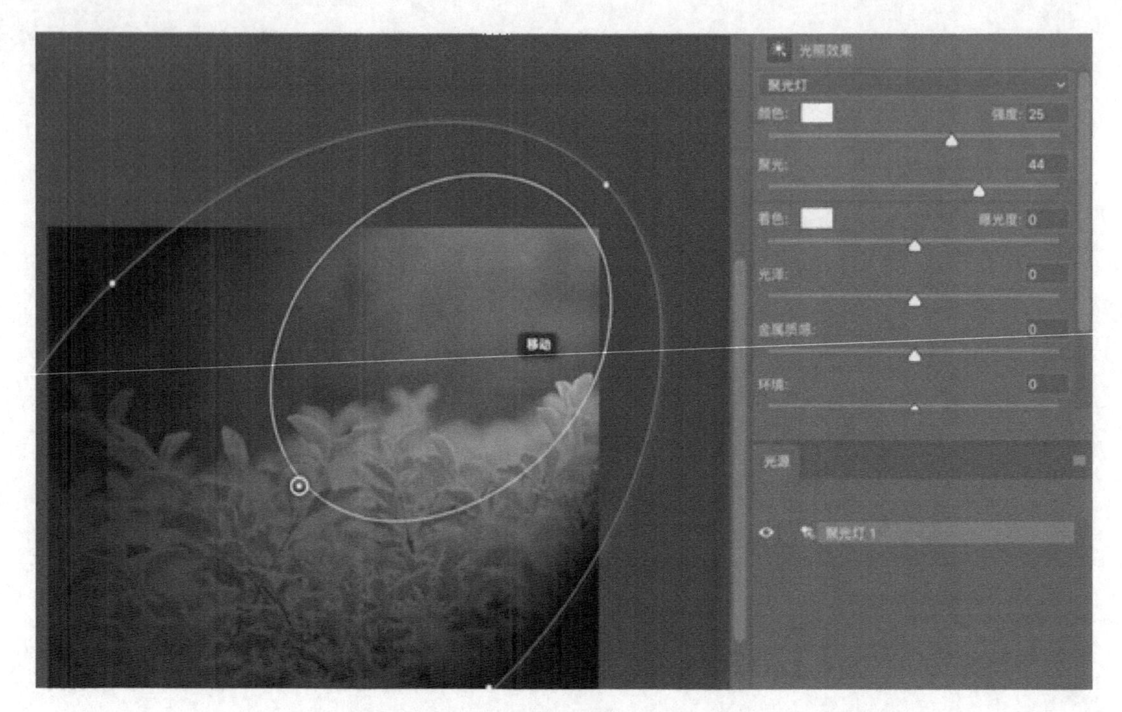
光照效果
聚光灯
强度: 25
聚光:
44
曝光度: 0
光泽:
0
0
环境:
0
光源
移动

图 13－41

镜头光晕
确定
取消
亮度:
100
%
镜头类型
50-300 毫米变焦
35 毫米聚焦
105 毫米聚焦
电影镜头

图 13－42

13.3.8　杂色滤镜

选择“滤镜” →“杂色”菜单命令，即可看到级联菜单命令。杂色滤镜组有5种滤镜。它们的作用主要是给图像添加或去除杂色。部分滤镜用法如下：

1. 去斑滤镜

作用：检测图像边缘颜色变化较大的区域，通过模糊除边缘以外的其他部分以起到消除杂色的作用，但不损失图像的细节。

选择“滤镜” →“杂色” →“去斑”菜单命令，即可对图像进行去斑操作。

2. 添加杂色滤镜

作用：将添加的杂色与图像相混合。打开一幅图片，选择“滤镜” →“杂色” →添加杂色”菜单命令，将弹出“添加杂色”对话框。参数的作用如下：

数量：控制添加杂色的百分比。

平均分布：使用随机分布产生杂色。

高斯分布：根据高斯曲线进行分布，产生的杂色效果更明显。

单色：选中此项，添加的杂色只影响图像的色调，而不会改变图像的颜色。

调整参数后，单击“确定”按钮，即可对图像添加杂色。

3. 中间值滤镜

作用：通过混合像素的亮度来减少杂色，可以用来去除瑕疵。

13.3.9　其他滤镜

选择“滤镜”→“其他”菜单命令，在随后弹出的子菜单中可以看到“其他”滤镜组有6个滤镜。它们的作用主要是修饰图像的一些细节部分，也可以创建自己的滤镜。下面详细讲解部分滤镜效果。

1. 高反差保留滤镜

作用：按指定的半径保留图像边缘的细节。可以删除图像中色调变化平缓的部分，保留色调高反差部分。综合“图层混合模式”，可以做出比较清晰的图像，如图13-43所示。

打开一幅图像，单击“滤镜”→“其他”→“高反差保留”菜单命令，将弹出“高反差保留”对话框。

半径：控制过渡边界的大小。使用比较小的半径可以将图像边缘很清晰地显示出来。半径越大，边缘越宽。

2. 位移滤镜

作用：按照输入的值在水平和垂直的方向上移动图像。选择“滤镜”→“其他”→“位移”菜单命令，将弹出如图13-44所示“位移”对话框。其参数的作用如下：

水平：控制水平向右移动的距离。

垂直：控制垂直向下移动的距离。

3. 自定滤镜

作用：根据预定义的数学运算更改图像中每个像素的亮度值，可以模拟出锐化，模糊或浮雕的效果。可以将自己设置的参数存储起来以备日后调用。选择“滤镜”→“其他”→“自定”菜单命令，将弹出“自定”对话框，如图13-45所示。其参数的作用如下：

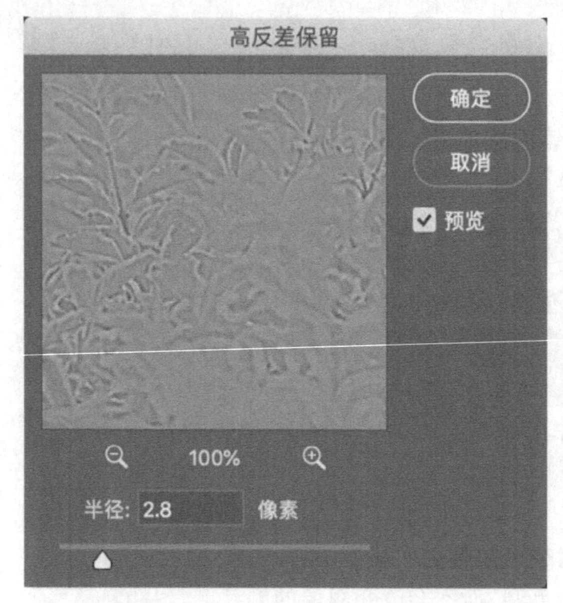

图 13-43

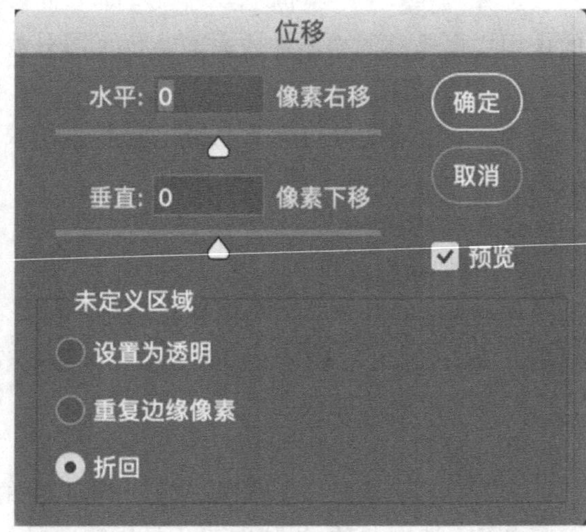

图 13-44

图 13-45

5×5 文本框：中心的文本框代表目标像素，四周的文本框代表目标像素周围对应位置的像素。文本框内的数字表示当前像素的亮度增加的倍数。

计算方法：系统会将图像各像素的亮度值写对应位置文本框中的数值相乘，再将其值与像素原来的亮度值相加，然后除以"缩放"量，最后与"位移"量相加。计算出来的数值作为相应像素的亮度值，用来改变图像的亮度。

缩放：用来输入缩放量，其取值范围为 1～9 999。

位移：用来输入位移量，其取值范围为－9 999～＋9 999。

载入：可以载入外部用户自定义的滤镜。

存储：可以存储设置好的自定义滤镜。

4. 最大值滤镜

作用：可以扩大图像的亮区和缩小图像的暗区。当前像素的亮度值将被所设定的半径范围内的像素的最大亮度值替换，如图 13-46 所示。“最大值”滤镜对话框中参数的作用如下：

半径：设定图像的亮区和暗区的边界半径。

5. 最小值滤镜

作用：效果与最大值滤镜刚好相反，用于扩大图像的暗区缩小图像的亮区，如图 13-47 所示。

图 13-46

图 13-47

13.4 设计实例：使用 3D 功能制作立体字

操作步骤如下：

① 打开 Photoshop，新建一个文档，数值如图 13-48 所示。图片不宜过大，以免后期渲染出问题。

② 因为要用到背景层，所以先双击背景层，在弹出的对话框中单击“确定”按钮解锁，如图 13-49 所示。

③ 背景层加入数值的灰色，如图 13-50 所示。

④ 给背景层加一点质感，这里选择“滤镜”→“杂色”→“添加杂色”菜单命令，杂色不宜添加过多，适量即可，如图 13-51 所示。

⑤ 打上需要的文字，建议做成一个整体的文本，用类似于黑体的浑厚字体，如果先打上字排好版，然后合并也是可以的，如图 13-52 所示。

图 13-48

图 13-49

⑥ 接下来就要用到一个重要的功能 3D。选择“3D”→“从所选图层新建 3D 模型”菜单命令，如图 13-53 所示。

这个是执行凸出之后的效果如图 13-54 所示。

⑦ 这个立体效果有些强了，单击当前视图下面的选项，属性面板会出现凸出选项，适当减小凸出深度，如图 13-55 所示。

填充
内容: 颜色...
确定
混合
取消
拾色器（填充颜色）
确定
新的
取消
添加到色板
当前
颜色库
H: 0 度
L: 77
S: 0 %
a: 0
B: 74 %
b: 0
R: 189
C: 30 %
G: 189
M: 24 %
B: 189
Y: 23 %
只有 Web 颜色
bdbdbd
K: 0 %

图 13 - 50

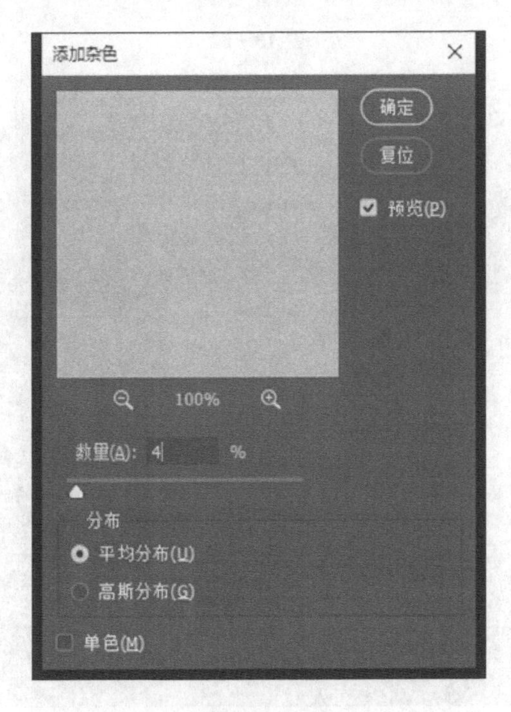
添加杂色
确定
复位
预览(P)
100%
数量(A): 4 %
分布
平均分布(U)
高斯分布(G)
单色(M)

图 13 - 51

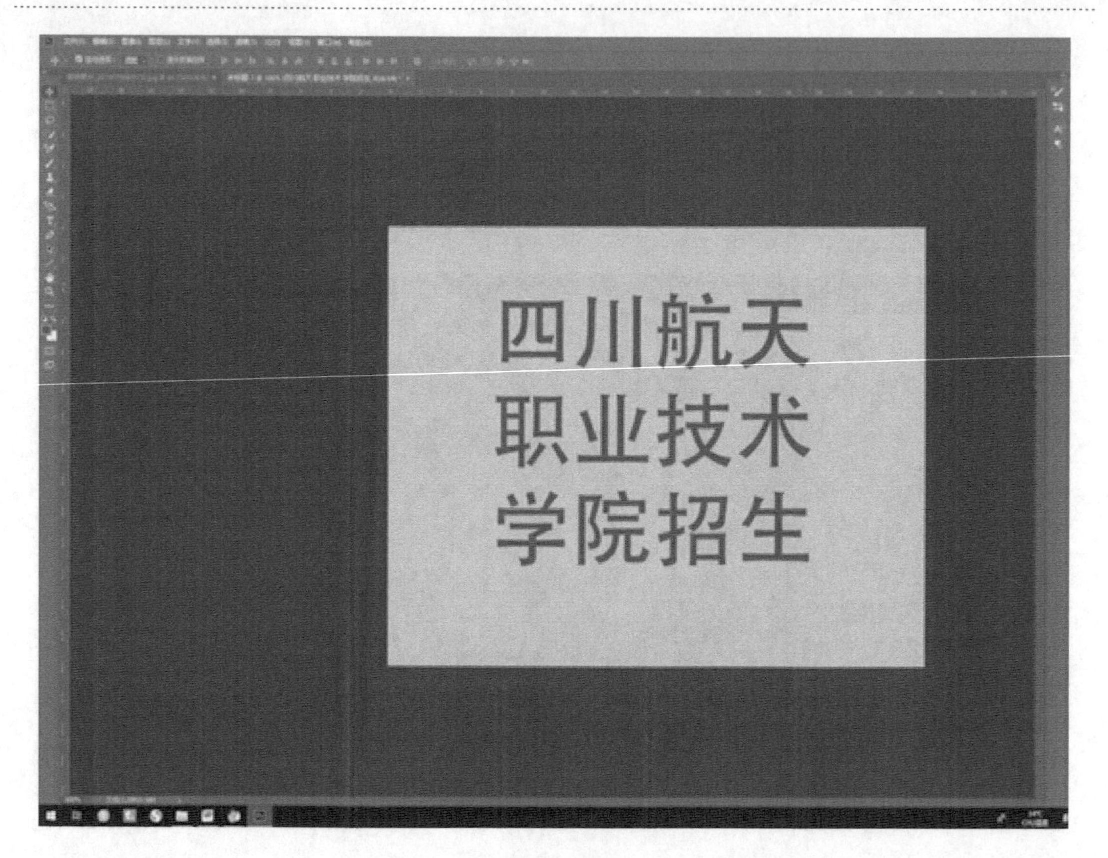
四川航天
职业技术
学院招生

图 13-52

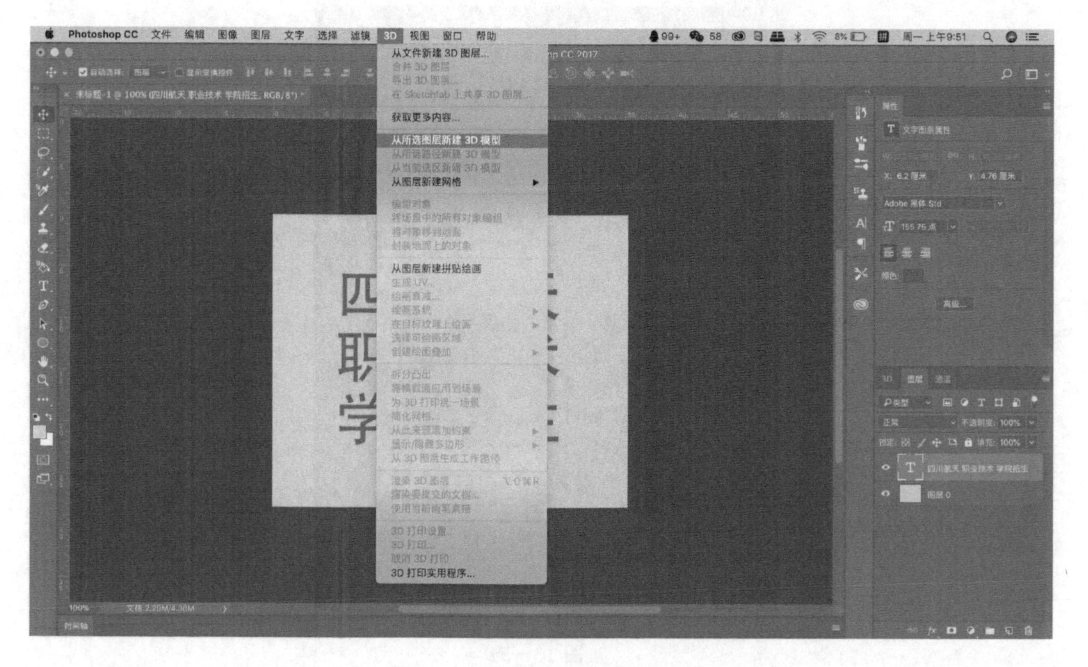
Photoshop CC
文件
编辑
图像
图层
文字
选择
滤镜
3D
视图
窗口
帮助
从文件新建 3D 图层...
获取更多内容...
从所选图层新建 3D 模型
从图层新建网格
从图层新建拼贴绘画
3D 打印实用程序...

图 13-53

未标题-1 @ 100% (四川航天 职业技术 学院招生, RGB/8#) *
四川航天
职业技术
学院招生
100%
文档:2.29M/5.34M

图 13－54

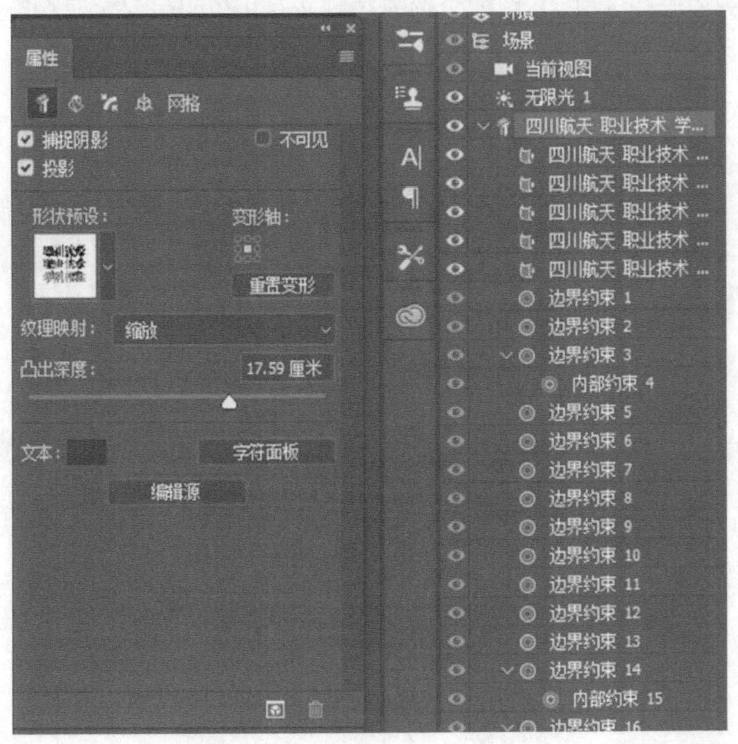
属性
网格
捕捉阴影
不可见
投影
形状预设:
变形轴:
重置变形
纹理映射:
缩放
凸出深度:
17.59 厘米
文本:
字符面板
编辑源
场景
当前视图
无限光 1
四川航天 职业技术 学...
四川航天 职业技术 ...
四川航天 职业技术 ...
四川航天 职业技术 ...
四川航天 职业技术 ...
四川航天 职业技术 ...
边界约束 1
边界约束 2
边界约束 3
内部约束 4
边界约束 5
边界约束 6
边界约束 7
边界约束 8
边界约束 9
边界约束 10
边界约束 11
边界约束 12
边界约束 13
边界约束 14
内部约束 15

图 13－55

⑧ 文字已经做过 3D 了，然后回到图层面板，选择背景图层，执行 3D→从“图层中新建网络”→“明信片”命令，如图 13 - 56 所示。

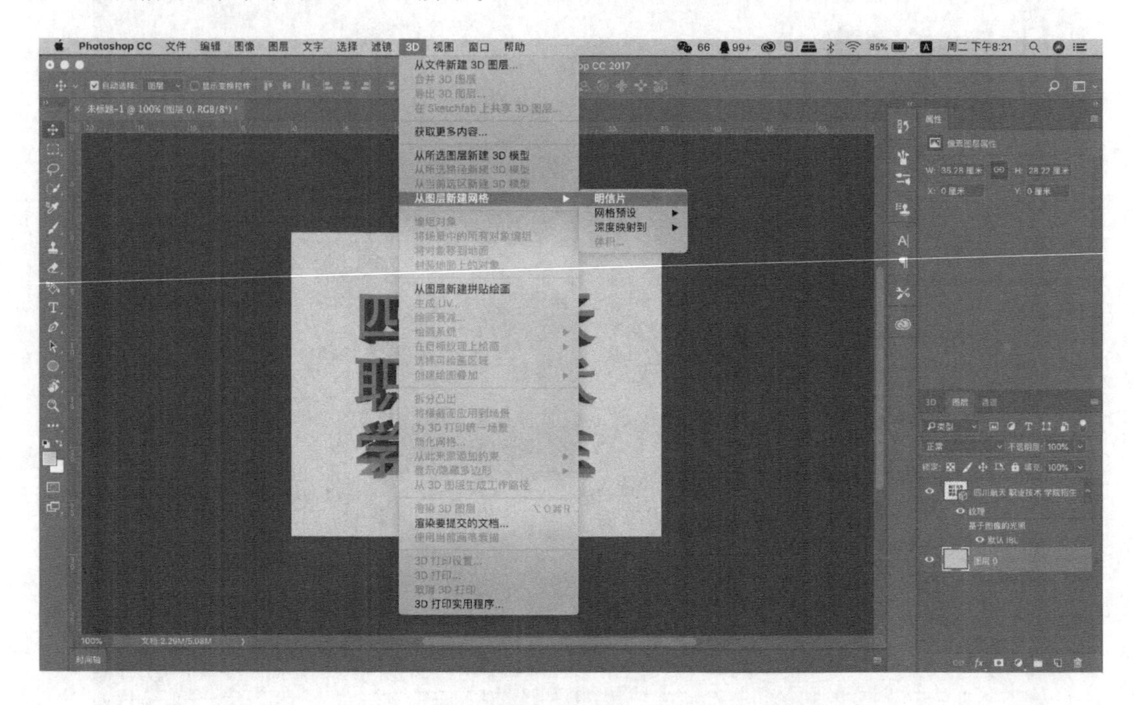

图 13 - 56

⑨ 再回到图层面板，选中两个图层，然后执行 3D，合并 3D 图层，得到效果如图 13 - 57 所示。

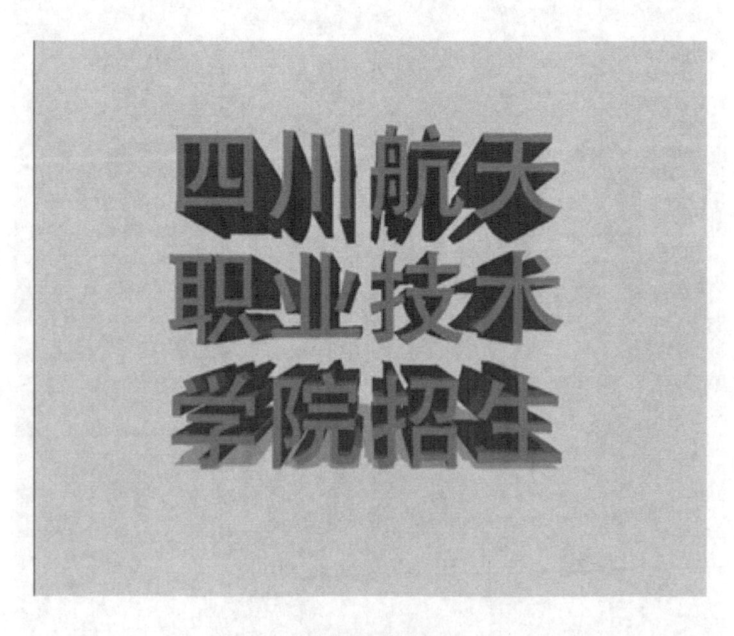

图 13 - 57

⑩ 单击当前图层，在上面的属性面板的视图中选择左视图（选择右视图也可以），如图 13－58 所示。

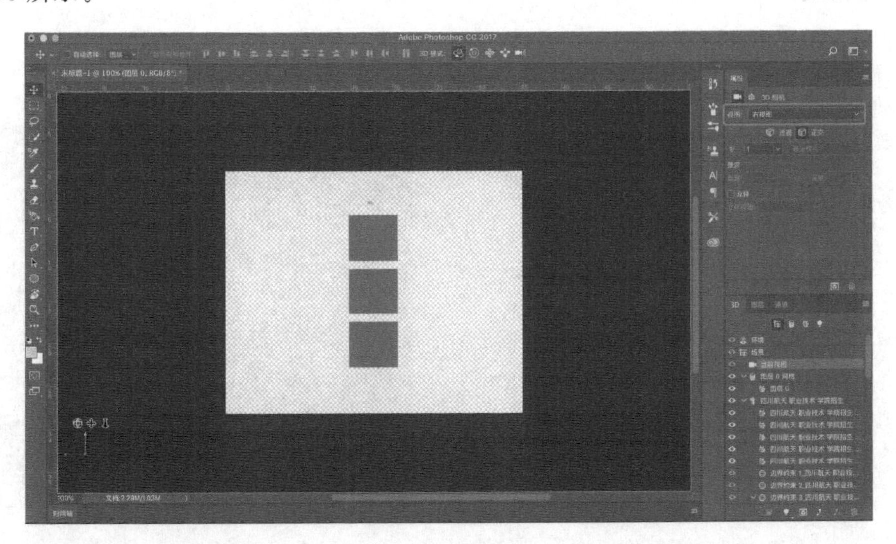

图 13－58

为方便观看，选择摄像机工具，然后按住鼠标左键往下移动，待图中的文字会放大至理想效果后即可松开鼠标左键，然后选择移动 3D 工具，如图 13－59 所示。

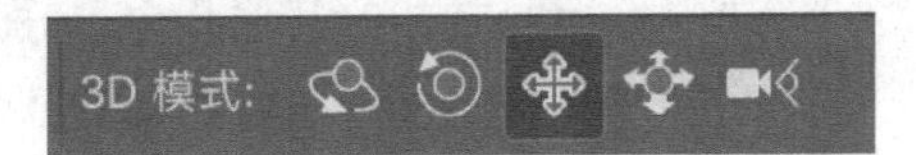

图 13－59

单击背景图层，会显示一个轴，如图 13－60 所示。

单击三角形图标，将 Z 轴移动到文字的后方，如图 13－61 所示。

移动之后的效果如图 13－62 所示。

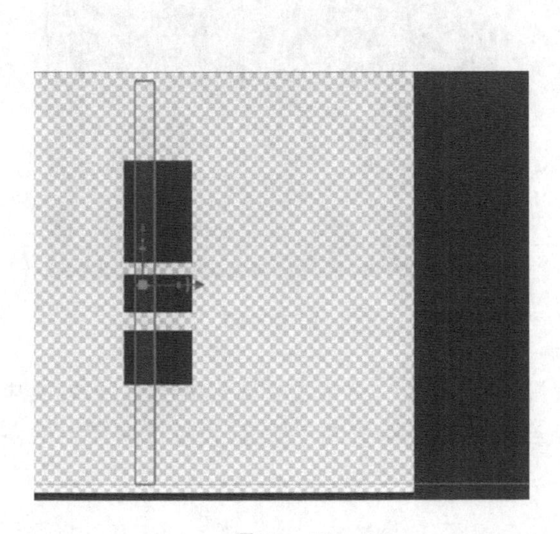

图 13－60

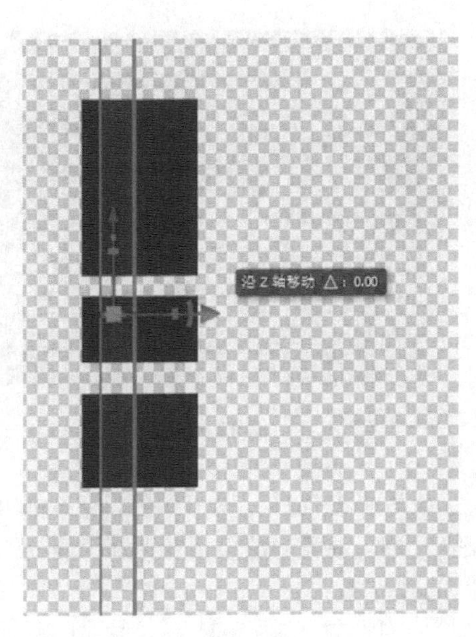

图 13－61

单击“当前视图”→“属性的视图”命令，然后单击默认视图，单击打开文字的三角形按钮，如图 13－63 所示。

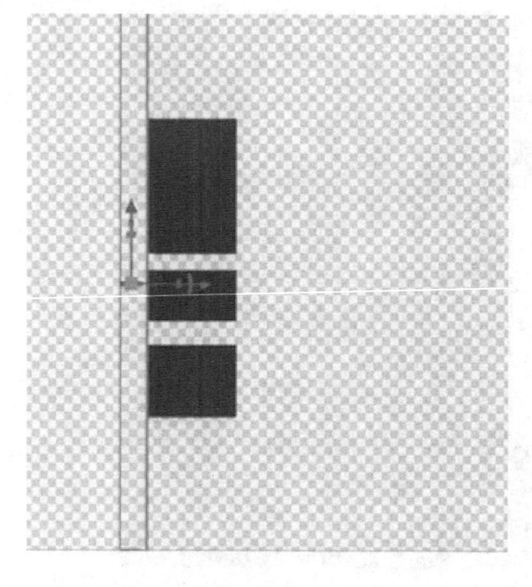

图 13－62

图 13－63

选中除标题之外的其他几个，如图 13－64 所示。

在属性面板中单击漫射后面的蓝色框(这里的文字是蓝色的，具体颜色看你们的文本)，如图 13－65 所示。

图 13－64

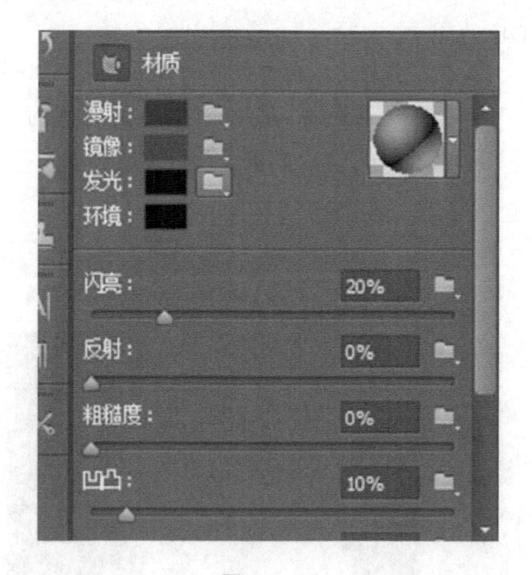

图 13－65

最后单击“渲染”调节颜色。这个渲染比较慢，需要等待。渲染之后回到图层面板，转换成智能对象。注意：渲染后出现的效果还需要结合其他图层样式或者通道，设置成所需要的各种 3D 文字效果。

参考文献

[1] Andrew Faulkner,Conrad Chavez. Adobe Photoshop CC 2017 经典教程[M]. 王士喜,译. 北京:人民邮电出版社,2017.
[2] 李金蓉. Photoshop CC 从新手到高手[M]. 北京:清华大学出版社,2019.
[3] 吴希艳,张波,易平贵. Photoshop CS5 从入门到精通[M]. 北京:中国青年出版社,2010.
[4] 李涛. Photoshop CS5 中文版案例教程[M]. 北京:高等教育出版社,2012.
[5] Adobe 公司. Adobe Photoshop CS5 中文版经典教程[M]. 北京:人民邮电出版社,2010.
[6] 李金明,李金荣. 中文版 Photoghop CS5 完全自学教程[M]. 北京:人民邮电出版社,2010.